MAFFEI
LOKOMOTIVEN

Erweiterter Katalog - Nachdruck

bearbeitet von Karl Böhm

München 1979

DIE LOKOMOTIVFABRIK J. A. MAFFEI, MÜNCHEN

Zur Geschichte des Dampflokomotivbaues.

In der 2. Hälfte des 18. Jahrhunderts führte der Trientiner Peter Paul Maffei, Angehöriger eines italienischen Handelsgeschlechtes, eine Tabakfabrik im Münchner Stadtteil Lehel. Dort kam am 4. 9. 1790 sein Sohn Joseph Anton Maffei zur Welt. Nach zunächst eher künstlerischen Interessen trat der junge Joseph Anton auf väterlichen Wunsch dann doch in dessen Firma ein, avancierte zum wohlsituierten Geschäftsmann und wurde ab 1821 sogar Mitglied des Münchner Magistrats.

1835, als zwischen Nürnberg und Fürth Deutschlands erste öffentliche Eisenbahn ihren Betrieb aufnahm, kam es in München unter Maffeis maßgeblicher Beteiligung zur Gründung der „Bayerischen Hypotheken- und Wechselbank".

Bei allgemein zunehmendem Interesse am Bahnbau wollte das private Unternehmertum in Altbayern nicht nachstehen. Vorrangig war eine Verbindung der Residenzstadt München mit Augsburg geplant. 1835 vereinigten sich einzelne Eisenbahn-Komitees der beiden Städte und riefen in der Folge eine „München-Augsburger-Eisenbahn-Gesellschaft" ins Leben. Das Direktorium ihres Verwaltungsrates wählte am 23. 7. 1837 „Joseph Anton Maffei, Banquier und Fabrikbesitzer in München" zu seinem ersten Vorstand.

Die Triebfahrzeuge der geplanten Eisenbahn sollten wie der berühmte „Adler" mangels anderer Möglichkeiten aus England bezogen werden und auf dem teuren Weg per Schiff und Fuhrwerk nach München gelangen.

Maffeis Tätigkeit bei der Bahngesellschaft, die mit dem langen Transport der Lokomotiven verbundenen Risiken und die unwirtschaftlichen Kosten mögen in dem Bankier und Tabakfabrikanten erste Gedanken in Richtung auf einen Lokomotivbau im eigenen Lande erweckt haben. Hinzu kam, daß Maffei 1837 von der Witwe des Stahlfabrikanten Lindauer dessen Hammer- und Walzwerk in der Hirschau (im Norden von München) erwerben konnte. Er baute dieses Werk aus, fügte eine Gießerei hinzu und konnte 1838 immerhin bereits 160 Arbeiter beschäftigen.

Die beiden zerlegten Lokomotiven von Stephenson für die Augsburger Bahn trafen schon am 29. 11. 1837 in München ein, während sich der Baubeginn der Strecke bis zum 9. 2. 1838 verzögerte.

Am 4. 10. 1840 konnte die neue Bahnlinie eröffnet werden.

Für den Betrieb der Lokomotiven war im Frühjahr 1839 u.a. der englische Maschinenmeister Joseph Hall (1810-1870) nach München gekommen. Hall und Maffei traten bald in engen Kontakt. Mit Halls technischen Kenntnissen und den vorhandenen Voraussetzungen auf Seiten Maffeis war der Grundstock für einen eigenen Lokomotivbau in München gelegt.

Im Jahre 1840 begann Hall in Maffeis Werkstätten eine erste Lokomotive nach Stephensonschen Konstruktionsprinzipien zu bauen. Diese Maffei Fabriknummer 1 (Achsfolge 1 A 1), am 9. 9. 1841 fertiggestellt und vom König mit dem Namen „Der Münchner" versehen, entstand ohne Auftrag einer Bahngesellschaft, sondern auf Maffeis eigene „Wag und Gefahr". Trotz der Bescheinigung bester Qualität und Wirtschaftlichkeit bei Fahrten am 13. und 14. 10. 1841 gelang es Maffei erst nach langwierigen Verhandlungen per Vertrag vom 30. 10. 1845 die Lok um 24 000 Gulden an die „Königliche Eisenbahnbau-Commission" zu verkaufen, wo sie nach weiteren Schwierigkeiten am 2. 1. 1847 mit der Inventarnummer 25 in den Bestand der K.Bay.Sts.B. gelangte.

Bereits am 15.4.1843 erhielt Maffei den Zuschlag für den Bau von acht 1 A 1 -Lokomotiven der Gattung A I aus einem Auftrag von 24 Lokomotiven für die Strecke Nürnberg - Bamberg (Fabr.Nr. 2-9 /1843). Es folgten Aufträge für Bahnen in der Pfalz, Württemberg, Hannover, Oberitalien und natürlich weiterhin für die K.Bay.Sts.B..

1847 beschäftigte Maffei bereits 500 Mitarbeiter. 1851 gelang es mit der Fabr.Nr. 72 „Bavaria" die Ausschreibung für die Lokomotiven der Semmering Bahn zu gewinnen, was entsprechende Aufträge auch im Ausland zur Folge hatte.

1852 konnte die 100. Lok geliefert werden, die B III Nr. 91 (Achsfolge 1 B) für die K.Bay.Sts.B.. Ein Jahr später wurde die Maximilianshütte in Sulzbach-Rosenberg von Maffei neu gegründet. Die Fabr.Nr. 132, die Crampton-Lok „Die Pfalz" (Achsfolge 2 A) erreichte bei Versuchsfahrten eine Höchstgeschwindigkeit von 120 km/h.

Maffei war auch am Entstehen der privaten „Königlich privilegierten Aktiengesellschaft der Bayerischen Ostbahnen" beteiligt, der er als Hauslieferant zwischen 1858 und 1875 weit über 100 Dampflokomotiven verschiedener Bauart verkaufen konnte.

1858 verließ J. Hall die Firma, in der er seit 1844 als technischer Direktor tätig gewesen war. In dieser Zeit hatte er auch die bekannte Hall'sche Excenterkurbel für Außenrahmenlok (erstmals in einer bay. A IV, Achsfolge 1 A 1, Fabr. Nr. 105/1852 verwirklicht) und in der Folge die Hall'sche Lagerhalskurbel entwickelt.

Wegen seiner Verdienste um die vaterländische Wirtschaft erhielt J. A. Maffei 1863 den Titel „adeliger lebenslänglicher Reichsrat" verliehen. Ein Jahr später konnte die Fabriknummer 500, die B VI Nr. 280 an die K.Bay.Sts.B. abgeliefert werden.

Kurz vor seinem 80. Geburtstag starb J. A. Ritter von Maffei am 1. 9. 1870. Die Leitung der Firma ging an seinen Neffen, Dr.Ing. h.c. Hugo Ritter und Edler von Maffei (1836-1921) über. Nur 4 Jahre später verließ die 1000. Lokomotive die Werkhallen in der Hirschau, eine B IX für die K.Bay.Sts.B., Inventarnummer 634, die als „Namen" die Bezeichnung „1000" erhielt und heute im Deutschen Museum besichtigt werden kann.

1875 trat Anton Hammel (1857-1925), Absolvent der Münchner Industrieschule als technischer Zeichner ein und arbeitete sich zum wohl bedeutendsten Lokomotivkonstrukteur der Firma Maffei empor, der er dann lange Zeit als technischer Direktor vorstand.

Mitte der neunziger Jahre entwickelte Hammel zusammen mit Kapeller die erste Vierzylinder-Verbundlokomotive (Bauart de Glehn) bei Maffei, die C V Nr. 2301 für die K.Bay.Sts.B., Achsfolge 2'C, Fabr.Nr. 1819/1896. Von ihr wurden, etwas abgeändert ab 1899 42 Maschinen gebaut (siehe Seite 19).

Die Versuche des Genfer Ingenieurs Anatole Mallet mit einem geteilten Triebwerk, um eine hohe Kurvenbeweglichkeit bei gleichzeitiger Ausnutzung der Verbundwirkung zu erzielen, wurden bei Maffei aufgegriffen, erstmals 1890 in einer C'C-Tenderlok für die Gotthardbahn verwirklicht (siehe Seite 72) und bis hin zur großen D'D-Steilrampenlok, damals die stärkste Tenderlokomotive Europas (siehe Seite 69 und 69 a) und der 1'C'C-Schlepptenderlokomotive für Südafrika (Seite 70) weiterentwickelt. Erst 1902 erhielt das Werk in der Hirschau einen eigenen Gleisanschluß zum Güterbahnhof München-Schwabing, für den auch die Werklok „J. A. MAFFEI" (siehe Seite 107) entstand. Bis dahin waren alle Lokomotiven zunächst auf der Straße mit Pferden oder Dampftraktoren zum nächsten Bahnhof befördert worden.

Fortsetzung Seite (106)

J·A·MAFFEI AG MÜNCHEN

HINWEISE ZUM KATALOG:

Der vorliegende Nachdruck von 89 Dampflokomotiv-Typenblättern der Firma J. A. Maffei ist eine Zusammenstellung aus zwei Firmenkatalogen verschiedener Erscheinungsjahre. Er basiert auf einem gebundenen Katalog, dessen coloriertes Titelblatt (schwarz-braun-rosa) auf Seite (5) geringfügig verkleinert schwarzweiß reproduziert ist. Es zeigt im Stil der Zeit eine der schweren Mallet-Lokomotiven für die DRB in voller Fahrt (vergleiche Seite 69 und 69a). Das genaue Erscheinungsjahr dieses Kataloges kann leider nur ungefähr erschlossen werden. Die jüngste der abgebildeten Lokomotiven wurde 1927 fertiggestellt (Seite 68a und 68b). Unter den beiden schwarzen Balken auf der Titelseite rechts oben verbirgt sich der Schriftzug Henschel-Maffei, also ein Hinweis auf die letzten Jahre des Bestehens der Firma. Als Erscheinungsjahr darf 1928 angenommen werden. Dieser Katalog (Sammlung Böhm) enthielt folgende Typenblätter (mit den angegebenen Seitenzahlen): ,,0'', 1-12, 15-18, 21, 25b, 26-29, 32, 34, 35a-b, 36-37, 39-40, 42, 44, 45-50, 53, 55-58, 61-62, 64, 67, 68a-b, 69a, 70-71, 75-77, 79. Die fehlenden Blätter sind bewußt weggelassen worden. Sie entstammen einer älteren Ausgabe. Die entsprechenden Lokomotivtypen wurden Ende der zwanziger Jahre nicht mehr als repräsentativ für das Produktionsprogramm angesehen oder waren durch modernere ersetzt worden. Dafür erschienen acht mit a oder b versehene Seiten neu. Die ausgesparten Seiten 13-14, 19-20, 22-25, 30-31, 33, 35, 38, 41, 43, 51-52, 54, 59-60, 63, 65-66, 68, 69, 72-74, und 80 konnten aus einer Loseblatt-Sammlung ergänzt werden (Sammlung Böck). Seite 25a lag nur in englischer Sprache vor, die abgebildete und beschriebene Lokomotive ist aber identisch mit der Lok der abgedruckten Seite 25b. Seite 78 stammt aus dem Archiv der Krauss-Maffei AG.

Beim Original waren die einzelnen Blätter jeweils nur einseitig bedruckt, worauf hier aus Kostengründen verzichtet wurde.

Kataloge der gleichen Aufmachung sind auch in Englisch, Französisch, Spanisch, Portugiesisch und in kyrillischer Schrift erschienen (siehe auch Seite 104).

J. A. MAFFEI - MÜNCHEN

Telegramm - Adresse: Maffeiloco ∗ A. B. C. Code 5th Edition

Gegründet 1838

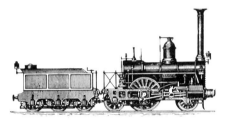

Lokomotive „Bavaria"

im Jahre 1844 für die Bayerischen Staatsbahnen geliefert.

Dienstgewicht mit Tender: 30 t

Schnellzuglokomotive

für die Bayerischen Staatsbahnen, gebaut im Jahre 1908.

Dienstgewicht mit Tender: 141 t

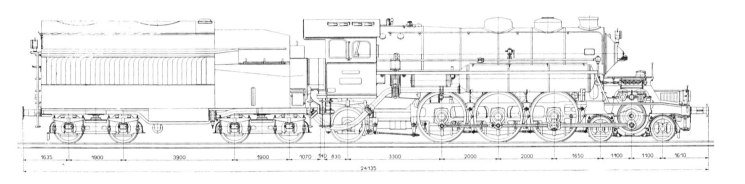

Schnellzuglokomotive mit Turbinenantrieb für die Deutsche Reichsbahn, (Bayerisches Netz).

Lokomotive

Dampfspannung . . . . 22 Atm.	Reibungsgewicht . . . . 60,0 t
Treibraddurchmesser . . . . 1750 mm	Dienstgewicht . . . . 104,0 „
Laufraddurchmesser (vorn) . . . . 850 „	Fester Radstand . . . . 4000 mm
Laufraddurchmesser (hinten) . . . . . . 1206 „	Gesamtradstand . . . . 11150 „
Mittlere Zugkraft . . . . 11000 kg	Spurweite . . . . 1435 „
Heizfläche der Feuerbüchse . . . . 13,0 m²	Kleinster Kurvenradius . . . . 180 m
Heizfläche der Rohre . . . . 146,7 „	Größte Länge der Lokomotive . . . . . . 13590 mm
Überhitzerheizfläche . . . . 51,0 „	(von Puffer bis Stoßplatte)
Gesamtheizfläche (feuerberührt) . . . . . 210,7 „	Größte Höhe der Lokomotive . . . . . . 4280 „
Rostfläche . . . . 3,5 „	Größte Breite der Lokomotive . . . . . . 3150 „
Leergewicht . . . . 95,0 t	

Tender

Speisewasservorrat . . . . 4,3 m³	Größte Länge des Tenders . . . . 10545 mm
Kühlwasservorrat . . . . 20,0 „	Größte Breite des Tenders . . . . 3100 „
Kohlenvorrat . . . . 6,0 t	Leergewicht . . . . 37,0 t
Raddurchmesser . . . . 1000 mm	Dienstgewicht . . . . 68,0 „
Gesamtradstand . . . . 7700 „	

Gesamtradstand von Lokomotive und Tender . . . . . . 20890 mm

Gesamtlänge von Lokomotive und Tender über Puffer . . 24135 „

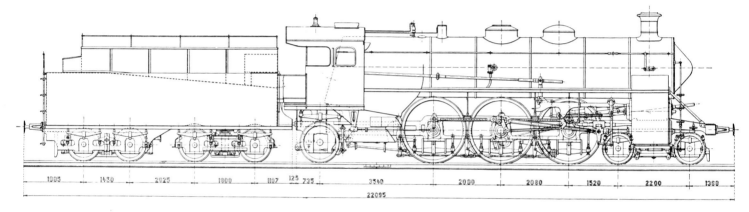

Vierzylinder-Verbund-Schnellzuglokomotive „S 3/6" für die Bayerische Staatsbahn.

Lokomotive

Dampfspannung . . . . 15 Atm.	Rostfläche . . . . 4,5 m²
Durchmesser der Hochdruckzylinder . . . . . . 425 mm	Leergewicht . . . . 81,0 t
Durchmesser der Niederdruckzylinder . . . . . 650 „	Reibungsgewicht . . . . 49,0 „
Kolbenhub . . . . 670 „	Dienstgewicht . . . . 89,0 „
Treibraddurchmesser . . . . 2000 „	Fester Radstand . . . . 4160 mm
Laufraddurchmesser (vorn) . . . . 950 „	Gesamtradstand . . . . 11420 „
Laufraddurchmesser (hinten) . . . . 1206 „	Spurweite . . . . 1435 „
Mittlere Zugkraft . . . . 8100 kg	Kleinster Kurvenradius . . . . 180 m
Heizfläche der Feuerbüchse . . . . 14,6 m²	Größte Länge der Lokomotive . . . . 13543 mm
Heizfläche der Rohre . . . . 204,5 „	(von Puffer bis Stoßplatte)
Überhitzerheizfläche . . . . 50,0 „	Größte Höhe der Lokomotive . . . . 4615 „
Gesamtheizfläche (feuerberührt) . . . . . . 269,1 „	Größte Breite der Lokomotive . . . . 2985 „

Tender

Wasservorrat . . . . 32,0 m³	Größte Länge des Tenders . . . . 8552 mm
Kohlenvorrat . . . . 8,5 t	Größte Breite des Tenders . . . . 3110 „
Raddurchmesser . . . . 1006 mm	Leergewicht . . . . 23,5 t
Gesamtradstand . . . . 5375 „	Dienstgewicht . . . . 64,0 „

Gesamtradstand von Lokomotive und Tender . . . . 18842 mm

Gesamtlänge von Lokomotive und Tender über Puffer . . . 22095 „

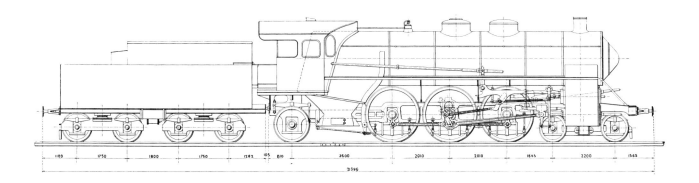

Vierzylinder-Verbund-Schnellzuglokomotive „S $^{3/6}$" für die Bayerische Staatsbahn.

Lokomotive

Dampfspannung	15 Atm.	Rostfläche	4,5 m²
Durchmesser der Hochdruckzylinder	425 mm	Leergewicht	78,6 t
Durchmesser der Niederdruckzylinder	650 „	Reibungsgewicht	48,0 „
Kolbenhub	610/670 „	Dienstgewicht	86,5 „
Treibraddurchmesser	1870 „	Fester Radstand	4020 mm
Laufraddurchmesser (vorn)	950 „	Gesamtradstand	11365 „
Laufraddurchmesser (hinten)	1206 „	Spurweite	1435 „
Mittlere Zugkraft	8600 kg	Kleinster Kurvenradius	180 m
Heizfläche der Feuerbüchse	14,6 m²	Größte Länge der Lokomotive	13540 mm
Heizfläche der Rohre	203,8 „	(von Puffer bis Stoßplatte)	
Überhitzerheizfläche	50,0 „	Größte Höhe der Lokomotive	4245 „
Gesamtheizfläche (feuerberührt)	268,4 „	Größte Breite der Lokomotive	2985 „

Tender

Wasservorrat	26,0 m³	Größte Länge des Tenders	7856 mm
Kohlenvorrat	7,5 t	Größte Breite des Tenders	3062 „
Raddurchmesser	1006 mm	Leergewicht	21,2 t
Gesamtradstand	5300 „	Dienstgewicht	54,7 „

Gesamtradstand von Lokomotive und Tender . . . . 18842 mm

Gesamtlänge von Lokomotive und Tender über Puffer . . . 21396 „

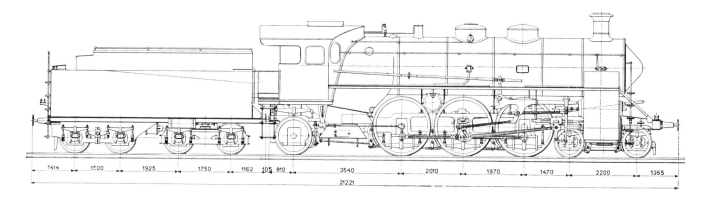

Vierzylinder-Verbund-Schnellzuglokomotive „S 3/6" für die Bayerische Staatsbahn.

Lokomotive

Dampfspannung	15 Atm.	Rostfläche	4,5 m²
Durchmesser der Hochdruckzylinder	425 mm	Leergewicht	83,8 t
Durchmesser der Niederdruckzylinder	650 ,,	Reibungsgewicht	51,0 ,,
Kolbenhub	610/670 ,,	Dienstgewicht	91,6 ,,
Treibraddurchmesser	1870 ,,	Fester Radstand	3980 mm
Laufraddurchmesser (vorn)	950 ,,	Gesamtradstand	11190 ,,
Laufraddurchmesser (hinten)	1206 ,,	Spurweite	1435 ,,
Mittlere Zugkraft	8600 kg	Kleinster Kurvenradius	180 m
Heizfläche der Feuerbüchse	14,6 m²	Größte Länge der Lokomotive	13365 mm
Heizfläche der Rohre	204,5 ,,	(von Puffer bis Stoßplatte)	
Überhitzerheizfläche	55,6 ,,	Größte Höhe der Lokomotive	4615 ,,
Gesamtheizfläche (feuerberührt)	274,7 ,,	Größte Breite der Lokomotive	2985 ,,

Tender

Wasservorrat	26,3 m³	Größte Länge des Tenders	7856 mm
Kohlenvorrat	8,0 t	Größte Breite des Tenders	3062 ,,
Raddurchmesser	1006 mm	Leergewicht	22,3 t
Gesamtradstand	5175 ,,	Dienstgewicht	56,6 ,,

Gesamtradstand von Lokomotive und Tender .... 18442 mm

Gesamtlänge von Lokomotive und Tender über Puffer ... 21221 ,,

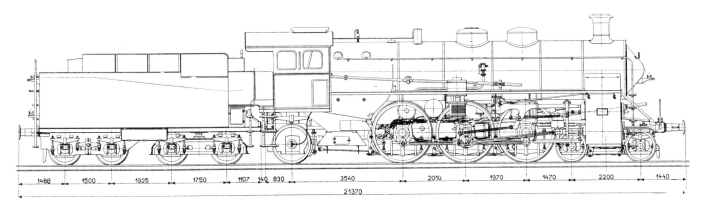

Vierzylinder-Verbund-Schnellzuglokomotive „S³/₆" für die Deutsche Reichsbahn, (Bayerisches Netz).

Lokomotive

Dampfspannung	16 Atm.	Rostfläche	4,5 m²
Durchmesser der Hochdruckzylinder	440 mm	Leergewicht	87,5 t
Durchmesser der Niederdruckzylinder	650 „	Reibungsgewicht	54,6 „
Kolbenhub	610/670 „	Dienstgewicht	96,2 „
Treibraddurchmesser	1870 „	Fester Radstand	3980 mm
Laufraddurchmesser (vorn)	950 „	Gesamtradstand	11190 „
Laufraddurchmesser (hinten)	1206 „	Spurweite	1435 „
Mittlere Zugkraft	9100 kg	Kleinster Kurvenradius	180 m
Heizfläche der Feuerbüchse	14,4 m²	Größte Länge der Lokomotive	13460 mm
Heizfläche der Rohre	186,4 „	(von Puffer bis Stoßplatte)	
Überhitzerheizfläche	74,7 „	Größte Höhe der Lokomotive	4650 „
Gesamtheizfläche (feuerberührt)	275,5 „	Größte Breite der Lokomotive	3130 „

Tender

Wasservorrat	27,3 m³	Größte Länge des Tenders	7911 mm
Kohlenvorrat	8,5 t	Größte Breite des Tenders	3096 „
Raddurchmesser	1006 mm	Leergewicht	24,0 t
Gesamtradstand	5175 „	Dienstgewicht	59,8 „

Gesamtradstand von Lokomotive und Tender .. .. 18442 mm

Gesamtlänge von Lokomotive und Tender über Puffer .. .. 21370 „

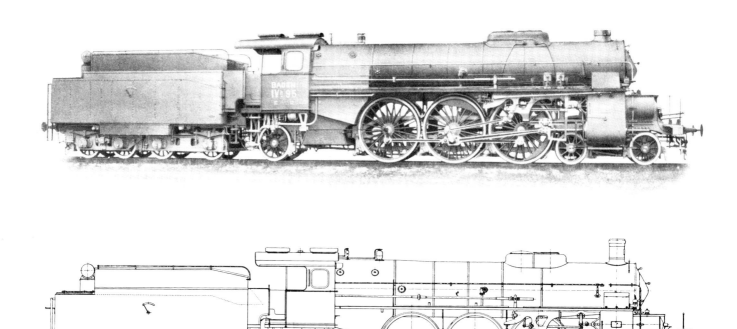

Vierzylinder-Verbund-Schnellzuglokomotive „IVʰ" für die Badische Staatsbahn.

Lokomotive

Dampfspannung	15 Atm.	Rostfläche	5,0 m²
Durchmesser der Hochdruckzylinder	440 mm	Leergewicht	87,5 t
Durchmesser der Niederdruckzylinder	680 „	Reibungsgewicht	54,0 „
Kolbenhub	680 „	Dienstgewicht	96,0 „
Treibraddurchmesser	2100 „	Fester Radstand	4360 mm
Laufraddurchmesser (vorn)	990 „	Gesamtradstand	12310 „
Laufraddurchmesser (hinten)	1200 „	Spurweite	1435 „
Mittlere Zugkraft	8500 kg	Kleinster Kurvenradius	164,5 m
Heizfläche der Feuerbüchse	15,6 m²	Größte Länge der Lokomotive	14845 mm
Heizfläche der Rohre	209,2 „	(von Puffer bis Stoßplatte)	
Überhitzerheizfläche	77,6 „	Größte Höhe der Lokomotive	4650 „
Gesamtheizfläche (feuerberührt)	302,4 „	Größte Breite der Lokomotive	3080 „

Tender

Wasservorrat	29,6 m³	Größte Länge des Tenders	8220 mm
Kohlenvorrat	9,0 t	Größte Breite des Tenders	3140 „
Raddurchmesser	1006 mm	Leergewicht	24,3 t
Gesamtradstand	4850 „	Dienstgewicht	63,0 „

Gesamtradstand von Lokomotive und Tender . . . . 19445 mm

Gesamtlänge von Lokomotive und Tender über Puffer . . . 23050 „

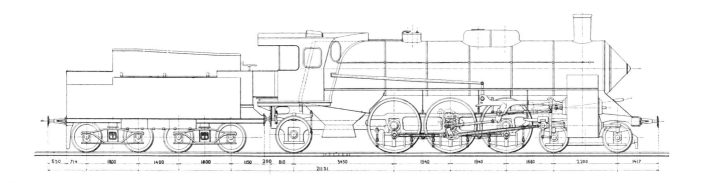

Vierzylinder-Verbund-Schnellzuglokomotive „IV f" für die Badische Staatsbahn.

Lokomotive

Dampfspannung	16 Atm.	Rostfläche	4,5 m²
Durchmesser der Hochdruckzylinder	425 mm	Leergewicht	80,5 t
Durchmesser der Niederdruckzylinder	650 „	Reibungsgewicht	49,6 „
Kolbenhub	610/670 „	Dienstgewicht	88,3 „
Treibraddurchmesser	1800 „	Fester Radstand	3880 mm
Laufraddurchmesser (vorn)	990 „	Gesamtradstand	11210 „
Laufraddurchmesser (hinten)	1200 „	Spurweite	1435 „
Mittlere Zugkraft	9550 kg	Kleinster Kurvenradius	164,5 m
Heizfläche der Feuerbüchse	14,7 m²	Größte Länge der Lokomotive	13437 mm
Heizfläche der Rohre	194,0 „	(von Puffer bis Stoßplatte)	
Überhitzerheizfläche	50,0 „	Größte Höhe der Lokomotive	4650 „
Gesamtheizfläche (feuerberührt)	258,7 „	Größte Breite der Lokomotive	3100 „

Tender

Wasservorrat	20,0 m³	Größte Länge des Tenders	7694 mm
Kohlenvorrat	7,0 t	Größte Breite des Tenders	3100 „
Raddurchmesser	1006 mm	Leergewicht	21,5 t
Gesamtradstand	5000 „	Dienstgewicht	48,5 „

Gesamtradstand von Lokomotive und Tender . . . . 18370 mm

Gesamtlänge von Lokomotive und Tender über Puffer . . . 21131 „

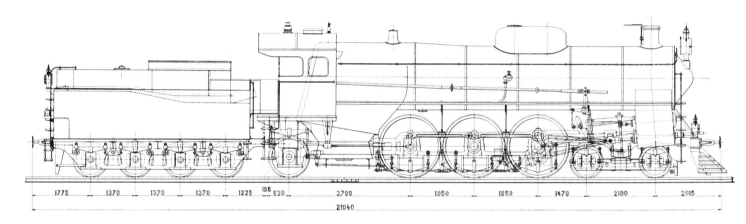

1775   1370   1370   1370   1235   105 930   3700   1950   1950   1470   2100   2015

21040

Vierzylinder-Doppelzwilling-Schnellzuglokomotive für die Rumänische Staatsbahn.

Lokomotive

Dampfspannung . . . . 13 Atm.	Leergewicht . . . . 80,0 t
Durchmesser der Zylinder . . . . 4 × 420 mm	Reibungsgewicht . . . . 49,0 ,,
Kolbenhub . . . . 650 ,,	Dienstgewicht . . . . 89,5 ,,
Treibraddurchmesser . . . . 1855 ,,	Fester Radstand . . . . 3900 mm
Laufraddurchmesser (vorn) . . . . 956 ,,	Gesamtradstand . . . . 11170 ,,
Laufraddurchmesser (hinten) . . . . . . 1205 ,,	Spurweite . . . . 1435 ,,
Mittlere Zugkraft . . . . 9650 kg	Kleinster Kurvenradius . . . . 180 m
Heizfläche der Feuerbüchse . . . . 18,0 m²	Größte Länge der Lokomotive . . . . 13815 mm
Heizfläche der Rohre . . . . 236,4 ,,	(von Puffer bis Stoßplatte)
Überhitzerheizfläche . . . . 60,6 ,,	Größte Höhe der Lokomotive . . . . 4580 ,,
Gesamtheizfläche (feuerberührt) . . . . . 315,0 ,,	Größte Breite der Lokomotive . . . . 3000 ,,
Rostfläche . . . . 4,0 ,,	

Tender

Wasservorrat . . . . 21,0 m³	Größte Länge des Tenders . . . . 7225 mm
Kohlenvorrat . . . . 4,0 t	Größte Breite des Tenders . . . . 3100 ,,
Ölvorrat . . . . 6,0 ,,	Leergewicht . . . . 23,2 t
Raddurchmesser . . . . 1040 mm	Dienstgewicht . . . . 54,2 ,,
Gesamtradstand . . . . 4110 ,,	

Gesamtradstand von Lokomotive und Tender . . . . 17250 mm

Gesamtlänge von Lokomotive und Tender über Puffer . . . 21040 ,,

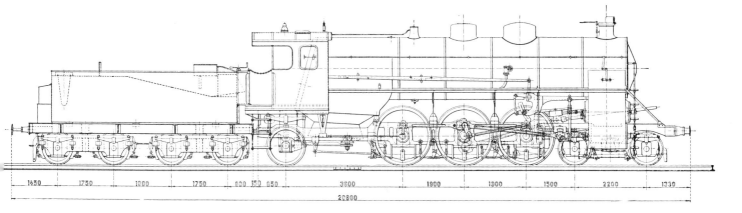

Vierzylinder-Verbund-Schnellzuglokomotive für die Madrid-Saragossa-Alicante Eisenbahn.

Lokomotive

Dampfspannung	16 Atm.	Rostfläche	4,2 m²
Durchmesser der Hochdruckzylinder	400 mm	Leergewicht	76,0 t
Durchmesser der Niederdruckzylinder	620 ,,	Reibungsgewicht	48,0 ,,
Kolbenhub	650 ,,	Dienstgewicht	84,5 ,,
Treibraddurchmesser	1750 ,,	Fester Radstand	3800 mm
Laufraddurchmesser (vorn)	975 ,,	Gesamtradstand	11100 ,,
Laufraddurchmesser (hinten)	1150 ,,	Spurweite	1676 ,,
Mittlere Zugkraft	8650 kg	Kleinster Kurvenradius	180 m
Heizfläche der Feuerbüchse	14,9 m²	Größte Länge der Lokomotive	13305 mm
Heizfläche der Rohre	180,7 ,,	(von Puffer bis Stoßplatte)	
Überhitzerheizfläche	53,5 ,,	Größte Höhe der Lokomotive	4300 ,,
Gesamtheizfläche (feuerberührt)	249,1 ,,	Größte Breite der Lokomotive	3100 ,,

Tender

Wasservorrat	20,0 m³	Größte Länge des Tenders	7675 mm
Kohlenvorrat	4,5 t	Größte Breite des Tenders	3026 ,,
Raddurchmesser	975 mm	Leergewicht	23,2 t
Gesamtradstand	5300 ,,	Dienstgewicht	47,7 ,,

Gesamtradstand von Lokomotive und Tender .. .. 18200 mm

Gesamtlänge von Lokomotive und Tender über Puffer ... 20980 ,,

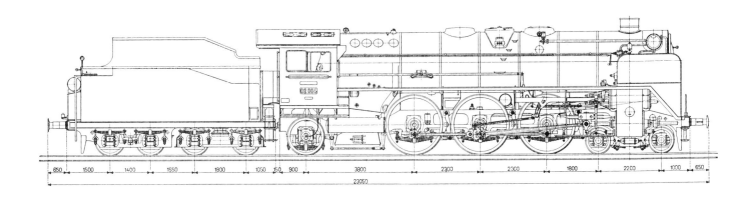

2 C 1 — Vierzylinder-Verbund-Heißdampf-Schnellzuglokomotive der Deutschen Reichsbahn (Einheits-Lokomotive).

Lokomotive

Dampfspannung	16 Atm.		Rostfläche	4,5	m²
Durchmesser der Hochdruckzylinder	460 mm		Leergewicht	103,5	t
Durchmesser der Niederdruckzylinder	720 „		Reibungsgewicht	60,1	„
Kolbenhub	660 „		Dienstgewicht	113,6	„
Treibraddurchmesser	2000 „		Fester Radstand	4600	mm
Laufraddurchmesser (vorn)	850 „		Gesamtradstand	12 400	„
Laufraddurchmesser (hinten)	1250 „		Spurweite	1435	„
Mittlere Zugkraft	10 400 kg		Kleinster Kurvenradius	180	m
Heizfläche der Feuerbüchse	17 m²		Größte Länge	14 950	mm
Heizfläche der Rohre	221 „		(vom Puffer bis Stoßplatte)		
Überhitzerheizfläche	100 „		Größte Höhe	4550	„
Gesamtheizfläche (feuerberührt)	338 „		Größte Breite	3150	„

Tender

Wasservorrat	30 m³		Größte Länge	8100	mm
Kohlenvorrat	10 t		Größte Breite	3070	„
Raddurchmesser	1000 mm		Leergewicht	27,7	t
Gesamtradstand	4750 „		Dienstgewicht	68	t

Gesamtradstand von Lokomotive und Tender .. .. .. 19 250 mm

Gesamtlänge von Lokomotive und Tender über Puffer .. 23 050 „

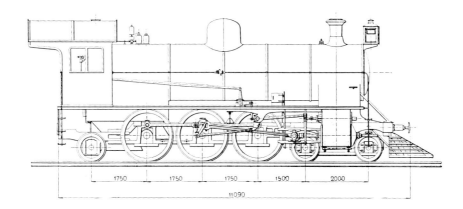

1750   1750   1750   1500   2000

11090

Personenzuglokomotive für die Argentinischen Staatsbahnen (Patagonien).

Lokomotive

Dampfspannung	12 Atm.	Leergewicht .... 56,2 t
Durchmesser der Zylinder	500 mm	Reibungsgewicht .... 39,7 ,,
Kolbenhub	630 ,,	Dienstgewicht .... 64,5 ,,
Treibraddurchmesser	1600 ,,	Fester Radstand .... 3500 mm
Laufraddurchmesser (vorn)	850 ,,	Gesamtradstand .... 8750 ,,
Laufraddurchmesser (hinten)	850 ,,	Spurweite .... 1676 ,,
Mittlere Zugkraft	5900 kg	Kleinster Kurvenradius .... 200 m
Heizfläche der Feuerbüchse	14,0 m²	Größte Länge der Lokomotive .... 11090 mm
Heizfläche der Rohre	186,0 ,,	(von Puffer bis Stoßplatte)
Gesamtheizfläche (feuerberührt)	200,0 ,,	Größte Höhe der Lokomotive .... 4400 ,,
Rostfläche	3,0 ,,	Größte Breite der Lokomotive .... 3220 ,,

Tender

Wasservorrat	18,0 m³	Größte Länge des Tenders .... 7310 mm
Kohlenvorrat	7,0 t	Größte Breite des Tenders .... 3120 ,,
Raddurchmesser	950 mm	Leergewicht .... 18,1 t
Gesamtradstand	5200 ,,	Dienstgewicht .... 43,1 ,,

Gesamtradstand von Lokomotive und Tender .... 16005 mm

Gesamtlänge von Lokomotive und Tender über Puffer ... 18235 ,,

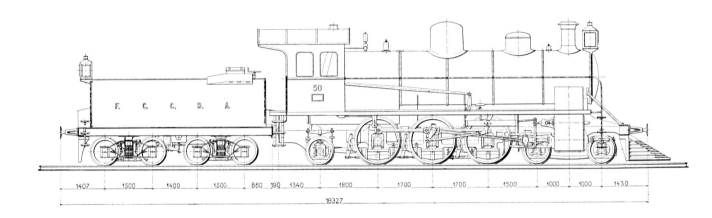

Personenzuglokomotive für die Zentralbahn von Buenos Aires.

Lokomotive

Dampfspannung . . . . 12 Atm.	Leergewicht. 51,3 t
Durchmesser der Zylinder . . . . 500 mm	Reibungsgewicht. . . . . 36,0 ,,
Kolbenhub . . . . 630 ,,	Dienstgewicht . . . . 58,8 ,,
Treibraddurchmesser . . . . 1450 ,,	Fester Radstand. . . . . 3400 mm
Laufraddurchmesser (vorn) . . . . 850 ,.	Gesamtradstand . . . . 8700 ,,
Laufraddurchmesser (hinten) . . . . 850 ,,	Spurweite. . . . . 1435 ,,
Mittlere Zugkraft . . . . 6510 kg	Kleinster Kurvenradius . . . . 300 m
Heizfläche der Feuerbüchse . . . . 12,2 m²	Größte Länge der Lokomotive . . . . 11470 mm
Heizfläche der Rohre . . . . 115,2 ,,	(von Puffer bis Stoßplatte)
Überhitzerheizfläche . . . . 35,4 ,,	Größte Höhe der Lokomotive . . . . 4300 mm
Gesamtheizfläche (feuerberührt) . . . . 162,8 ,,	Größte Breite der Lokomotive . . . . 3040 ,,
Rostfläche . . . . 2,7 ,,	

Tender

Wasservorrat . . . . 13,0 m³	Größte Länge des Tenders . . . . 6857 mm
Kohlenvorrat . . . . 5,0 t	Größte Breite des Tenders . . . . 2720 ,,
Raddurchmesser . . . . 850 mm	Leergewicht. . . . . 15,4 t
Gesamtradstand . . . . 4400 ,,	Dienstgewicht . . . . 33,8 ,,

Gesamtradstand von Lokomotive und Tender. . . . . 15490 mm

Gesamtlänge von Lokomotive und Tender über Puffer . . . 18327 ,,

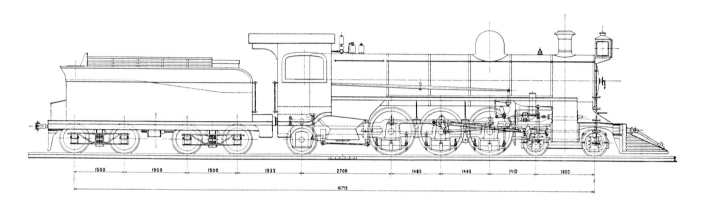

Personenzuglokomotive für die Argentinischen Staatsbahnen, Provinz Chaco.

Lokomotive

Dampfspannung	12 Atm.	Leergewicht	45,0 t
Durchmesser der Zylinder	420 mm	Reibungsgewicht	30,0 „
Kolbenhub	550 „	Dienstgewicht	49,5 „
Treibraddurchmesser	1380 „	Fester Radstand	2970 mm
Laufraddurchmesser (vorn)	760 „	Gesamtradstand	8880 „
Laufraddurchmesser (hinten)	860 „	Spurweite	1000 „
Mittlere Zugkraft	4150 kg	Kleinster Kurvenradius	150 m
Heizfläche der Feuerbüchse	9,2 m²	Größte Länge der Lokomotive	10500 mm
Heizfläche der Rohre	130,8 „	(von Puffer bis Stoßplatte)	
Gesamtheizfläche (feuerberührt)	140,0 „	Größte Höhe der Lokomotive	3680 „
Rostfläche	2,2 „	Größte Breite der Lokomotive	2600 „

Tender

Wasservorrat	15,0 m³	Größte Länge des Tenders	7280 mm
Kohlenvorrat	5,0 t	Größte Breite des Tenders	2960 „
Raddurchmesser	860 mm	Leergewicht	13,0 t
Gesamtradstand	4900 „	Dienstgewicht	33,0 „

Gesamtradstand von Lokomotive und Tender .. 15712 mm

Gesamtlänge von Lokomotive und Tender über Puffer ... 19132 „

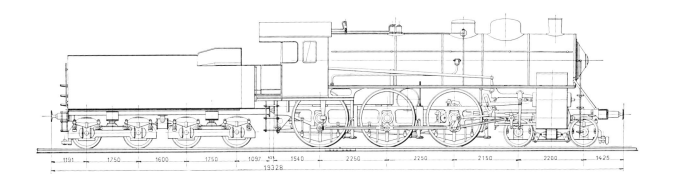

Vierzylinder-Verbund-Schnellzuglokomotive „S ³/₅" für die Bayerische Staatsbahn.

Lokomotive

Dampfspannung	16 Atm.	Leergewicht	65,0 t
Durchmesser der Hochdruckzylinder	360 mm	Reibungsgewicht	48,0 ,,
Durchmesser der Niederdruckzylinder	590 ,,	Dienstgewicht	71,5 ,,
Kolbenhub	640 ,,	Fester Radstand	4500 mm
Treibraddurchmesser	1870 ,,	Gesamtradstand	8850 ,,
Laufraddurchmesser	950 ,,	Spurweite	1435 ,,
Mittlere Zugkraft	7200 kg	Kleinster Kurvenradius	180 m
Heizfläche der Feuerbüchse	14,5 m²	Größte Länge der Lokomotive	11842 mm
Heizfläche der Rohre	149,0 ,,	(von Puffer bis Stoßplatte)	
Überhitzerheizfläche	34,5 ,,	Größte Höhe der Lokomotive	4180 ,,
Gesamtheizfläche (feuerberührt)	198,0 ,,	Größte Breite der Lokomotive	3100 ,,
Rostfläche	3,2 ,,		

Tender

Wasservorrat	21,8 m³	Größte Länge des Tenders	7486 mm
Kohlenvorrat	7,5 t	Größte Breite des Tenders	3120 ,,
Raddurchmesser	1006 mm	Leergewicht	22,2 t
Gesamtradstand	5100 ,,	Dienstgewicht	51,5 ,,

Gesamtradstand von Lokomotive und Tender .... 16712 mm

Gesamtlänge von Lokomotive und Tender über Puffer ... 19328 ,,

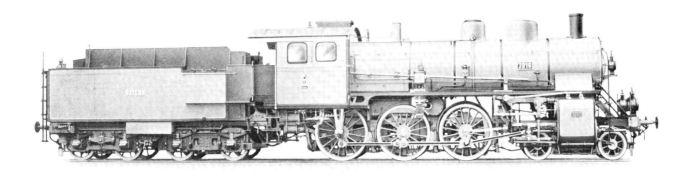

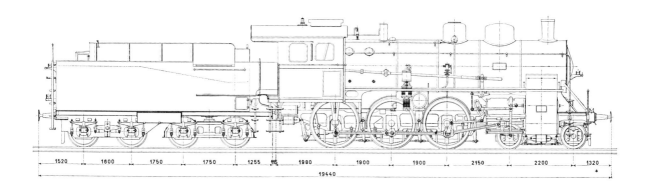

| 1520 | 1600 | 1750 | 1750 | 1255 | 115 | 1980 | 1900 | 1900 | 2150 | 2200 | 1320 |

19440

Vierzylinder-Verbund-Personenzuglokomotive „P 3/5" für die Bayerische Staatsbahn.

Lokomotive

Dampfspannung . . . . 15 Atm.	Leergewicht . . . . 65,5 t
Durchmesser der Hochdruckzylinder . . . . 360 mm	Reibungsgewicht . . . . 47,5 „
Durchmesser der Niederdruckzylinder . . . . . . 590 „	Dienstgewicht . . . . 72,0 „
Kolbenhub . . . . 640 „	Fester Radstand . . . . 3800 mm
Treibraddurchmesser . . . . 1640 „	Gesamtradstand . . . . 8150 „
Laufraddurchmesser . . . . 850 „	Spurweite . . . . 1435 „
Mittlere Zugkraft . . . . 7740 kg	Kleinster Kurvenradius . . . . 180 m
Heizfläche der Feuerbüchse . . . . 13,2 m²	Größte Länge der Lokomotive . . . . 11450 mm
Heizfläche der Rohre . . . . 126,9 „	(von Puffer bis Stoßplatte)
Überhitzerheizfläche . . . . 35,9 „	Größte Höhe der Lokomotive . . . . 4280 „
Gesamtheizfläche (feuerberührt) . . . . 176,0 „	Größte Breite der Lokomotive . . . . 3110 „
Rostfläche . . . . 2,76 „	

Tender

Wasservorrat . . . . 22,0 m³	Größte Länge des Tenders . . . . 7990 mm
Kohlenvorrat . . . . 8,0 t	Größte Breite des Tenders . . . . 3100 „
Raddurchmesser . . . . 1006 mm	Leergewicht . . . . 24,0 t
Gesamtradstand . . . . 5100 „	Dienstgewicht . . . . 54,0 „

Gesamtradstand von Lokomotive und Tender . . . . 16600 mm

Gesamtlänge von Lokomotive und Tender über Puffer . . . 19440 „

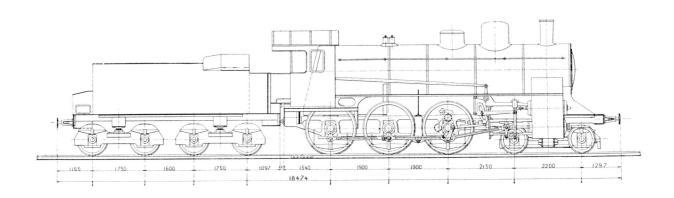

Vierzylinder-Verbund-Personenzuglokomotive „P³/₅" für die Bayerische Staatsbahn.

Lokomotive

Dampfspannung . . . . 15 Atm.	Leergewicht . . . . 58,0 t
Durchmesser der Hochdruckzylinder . . . . . . 340 mm	Reibungsgewicht . . . . 42,6 ,,
Durchmesser der Niederdruckzylinder . . . . . 570 ,,	Dienstgewicht . . . . 64,2 ,,
Kolbenhub . . . . 640 ,,	Fester Radstand . . . . 3800 mm
Treibraddurchmesser . . . . 1640 ,,	Gesamtradstand . . . . 8150 ,,
Laufraddurchmesser . . . . 850 ,,	Spurweite . . . . 1435 ,,
Mittlere Zugkraft . . . . 7200 kg	Kleinster Kurvenradius . . . . 180 m
Heizfläche der Feuerbüchse . . . . 11,5 m²	Größte Länge der Lokomotive . . . . 11007 mm
Heizfläche der Rohre . . . . 154,0 ,.	(von Puffer bis Stoßplatte)
Gesamtheizfläche (feuerberührt) . . . . 165,5 ,,	Größte Höhe der Lokomotive . . . . 4225 ,,
Rostfläche . . . . 2,6 ,,	Größe Breite der Lokomotive . . . . 3110 ,,

Tender

Wasservorrat . . . . 18,0 m³	Größte Länge des Tenders . . . . 7467 mm
Kohlenvorrat . . . . 6,5 t	Größte Breite des Tenders . . . . 3110 ,,
Raddurchmesser . . . . 1006 mm	Leergewicht . . . . 20,5 t
Gesamtradstand . . . . 5100 ,,	Dienstgewicht . . . . 45,0 ,,

Gesamtradstand von Lokomotive und Tender . . . . 16012 mm

Gesamtlänge von Lokomotive und Tender über Puffer . . . 18474 ,,

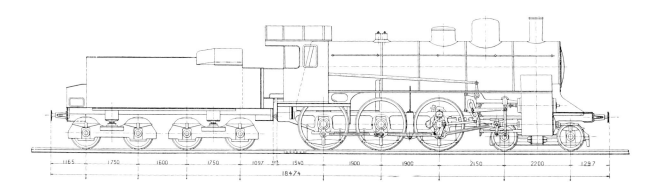

Vierzylinder-Verbund-Personenzuglokomotive für die Bulgarische Staatsbahn.

Lokomotive

Dampfspannung	15 Atm.	Leergewicht	58,0 t
Durchmesser der Hochdruckzylinder..	340 mm	Reibungsgewicht	42,6 ,,
Durchmesser der Niederdruckzylinder	570 ,,	Dienstgewicht	64,2 ,,
Kolbenhub.	640 ,,	Fester Radstand	3800 mm
Treibraddurchmesser	1640 ,,	Gesamtradstand.	8150 ,,
Laufraddurchmesser.	850 ,,	Spurweite.	1435 ,,
Mittlere Zugkraft	7200 kg	Kleinster Kurvenradius	180 m
Heizfläche der Feuerbüchse	11,5 m²	Größte Länge der Lokomotive	11007 mm
Heizfläche der Rohre.	154,0 ,,	(von Puffer bis Stoßplatte)	
Gesamtheizfläche (feuerberührt)	165,5 ,,	Größte Höhe der Lokomotive	4225 ,,
Rostfläche	2,6 ,,	Größte Breite der Lokomotive	3110 ,,

Tender

Wasservorrat . . . . .18,0 m³		Größte Länge des Tenders	7467 mm
Kohlenvorrat	6,5 t	Größte Breite des Tenders	3110 ,,
Raddurchmesser	1006 mm	Leergewicht.	20,5 t
Gesamtradstand	5100 ,,	Dienstgewicht	45,0 ,,

Gesamtradstand von Lokomotive und Tender . . . . 16012 mm

Gesamtlänge von Lokomotive und Tender über Puffer . . . 18474 ,,

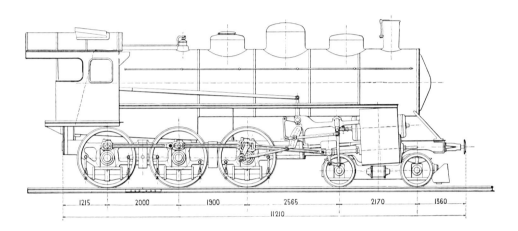

1215   2000   1900   2565   2170   1360

11210

Vierzylinder-Verbund-Schnellzuglokomotive „A³/₅" für die Gotthardbahn.

Lokomotive

Dampfspannung	15 Atm.	
Durchmesser der Hochdruckzylinder	395 mm	
Durchmesser der Niederdruckzylinder	635 ,,	
Kolbenhub	640 ,,	
Treibraddurchmesser	1610 ,,	
Laufraddurchmesser	870 ,,	
Mittlere Zugkraft	9100 kg	
Heizfläche der Feuerbüchse	15,4 m²	
Heizfläche der Rohre	173,2 ,,	
Dampftrocknerheizfläche	47,4 ,,	
Gesamtheizfläche (feuerberührt)	236,0 ,,	
Rostfläche	3,34 ,,	

Leergewicht . . . . 73,0 t
Reibungsgewicht . . . . 49,5 ,,
Dienstgewicht . . . . 79,0 ,,
Fester Radstand . . . . 3900 mm
Gesamtradstand . . . . 8635 ,,
Spurweite . . . . 1435 ,,
Kleinster Kurvenradius . . . . 180 m
Größte Länge der Lokomotive . . . . 11210 mm
(von Puffer bis Stoßplatte)
Größte Höhe der Lokomotive . . . . 4500 ,,
Größte Breite der Lokomotive . . . . 3050 ,,

Tender

Wasservorrat . . . . 17,0 m³
Kohlenvorrat . . . . 5,0 t
Raddurchmesser . . . . 1060 mm
Gesamtradstand . . . . 3500 ,,

Größte Länge des Tenders . . . . 6250 mm
Größte Breite des Tenders . . . . 3108 ,,
Leergewicht . . . . 17,0 t
Dienstgewicht . . . . 39,0 ,,

Gesamtradstand von Lokomotive und Tender . . . . 14500 mm

Gesamtlänge von Lokomotive und Tender über Puffer . . . 16245 ,,

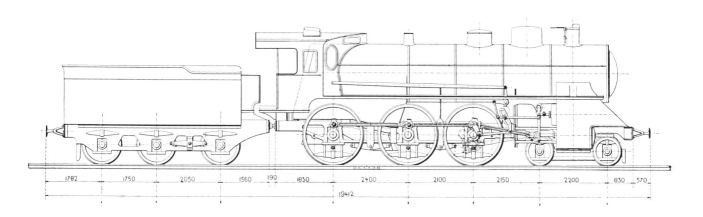

Vierzylinder-Verbund-Schnellzuglokomotive für die Portugiesische Eisenbahn-Ges., Lissabon.

Lokomotive

Dampfspannung . . . . 16 Atm.	Leergewicht . . . . 66,5 t
Durchmesser der Hochdruckzylinder . . . . 390 mm	Reibungsgewicht . . . . 50,25 ,,
Durchmesser der Niederdruckzylinder . . . . . 630 ,,	Dienstgewicht . . . . 75,0 ,,
Kolbenhub . . . . 640 ,,	Fester Radstand . . . . 4500 mm
Treibraddurchmesser . . . . 1900 ,,	Gesamtradstand . . . . 8850 ,,
Laufraddurchmesser . . . . 900 ,,	Spurweite . . . . 1676 ,,
Mittlere Zugkraft . . . . 8100 kg	Kleinster Kurvenradius . . . . 180 m
Heizfläche der Feuerbüchse . . . . 17,5 m²	Größte Länge der Lokomotive . . . . 12080 mm
Heizfläche der Rohre . . . . 215,0 ,,	(von Puffer bis Stoßplatte)
Gesamtheizfläche (feuerberührt) . . . . 232,5 ,,	Größte Höhe der Lokomotive . . . . 4450 ,,
Rostfläche . . . . 4,1 ,,	Größte Breite der Lokomotive . . . . 3250 ,,

Tender

Wasservorrat . . . . 22,0 m³	Größte Länge des Tenders . . . . 7332 mm
Kohlenvorrat . . . . 7,0 t	Größte Breite des Tenders . . . . 3250 ,,
Raddurchmesser . . . . 1230 mm	Leergewicht . . . . 18,5 t
Gesamtradstand . . . . 3800 ,,	Dienstgewicht . . . . 47,5 ,,

Gesamtradstand von Lokomotive und Tender . . . . 16230 mm

Gesamtlänge von Lokomotive und Tender über Puffer . . . 19412 ,,

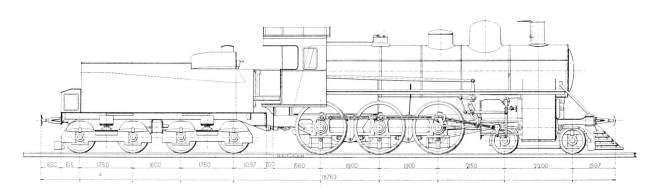

Vierzylinder-Verbund-Personenzuglokomotive für die Orientbahn, Konstantinopel.

Lokomotive

Dampfspannung	15 Atm.	Leergewicht	60,5 t
Durchmesser der Hochdruckzylinder	370 mm	Reibungsgewicht	44,4 „
Durchmesser der Niederdruckzylinder	600 „	Dienstgewicht	67,3 „
Kolbenhub	640 „	Fester Radstand	3800 mm
Treibraddurchmesser	1640 „	Gesamtradstand	8150 „
Laufraddurchmesser	820 „	Spurweite	1435 „
Mittlere Zugkraft	7960 kg	Kleinster Kurvenradius	180 m
Heizfläche der Feuerbüchse	11,5 m²	Größte Länge der Lokomotive	11227 mm
Heizfläche der Rohre	148,8 „	(von Puffer bis Stoßplatte)	
Gesamtheizfläche (feuerberührt)	160,3 „	Größte Höhe der Lokomotive	4275 „
Rostfläche	2,6 „	Größte Breite der Lokomotive	3150 „

Tender

Wasservorrat	18,0 m³	Größte Länge des Tenders	7542 mm
Kohlenvorrat	6,5 t	Größte Breite des Tenders	3150 „
Raddurchmesser	1010 mm	Leergewicht	20,5 t
Gesamtradstand	5100 „	Dienstgewicht	45,0 „

Gesamtradstand von Lokomotive und Tender . . . . 16107 mm

Gesamtlänge von Lokomotive und Tender über Puffer . . . 18769 „

Vierzylinder-Doppelzwilling-Schnellzuglokomotive für die Niederländische Zentralbahn.

Lokomotive

Dampfspannung . . . . 12,25 Atm.	Leergewicht . . . . 65,3 t
Durchmesser der Zylinder . . . . 400 mm	Reibungsgewicht . . . . 48,0 ,,
Kolbenhub . . . . 640 ,,	Dienstgewicht . . . . 72,0 ,,
Treibraddurchmesser . . . . 1900 ,,	Fester Radstand . . . . 4500 mm
Laufraddurchmesser . . . . 1000 ,,	Gesamtradstand . . . . 8900 ,,
Mittlere Zugkraft . . . . 7930 kg	Spurweite . . . . 1435 ,,
Heizfläche der Feuerbüchse . . . . 16,5 m²	Kleinster Kurvenradius . . . . 180 m
Heizfläche der Rohre . . . . 145,0 ,,	Größte Länge der Lokomotive . . . . 11897 mm
Überhitzerheizfläche . . . . 46,5 ,,	(von Puffer bis Stoßplatte)
Gesamtheizfläche (feuerberührt) . . . . 208,0 ,,	Größte Höhe der Lokomotive . . . . 4600 ,,
Rostfläche . . . . 3,44 ,,	Größte Breite der Lokomotive . . . . 3020 ,,

Tender

Wasservorrat . . . . 20,0 m³	Größte Länge des Tenders . . . . 7970 mm
Kohlenvorrat . . . . 7,0 t	Größte Breite des Tenders . . . . 3080 ,,
Raddurchmesser . . . . 1000 mm	Leergewicht . . . . 23,0 t
Gesamtradstand . . . . 5500 ,,	Dienstgewicht . . . . 50,0 ,,

Gesamtradstand von Lokomotive und Tender . . . . 17162 mm

Gesamtlänge von Lokomotive und Tender über Puffer . . . . 19867 ,,

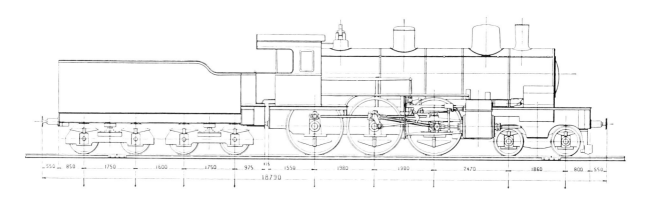

Vierzylinder-Verbund-Schnellzuglokomotive „CV" für die Bayerische Staatsbahn.

Lokomotive

Dampfspannung	14 Atm.	Leergewicht	61,4 t
Durchmesser der Hochdruckzylinder	380 mm	Reibungsgewicht	46,8 „
Durchmesser der Niederdruckzylinder	610 „	Dienstgewicht	67,8 „
Kolbenhub	640 „	Fester Radstand	3960 mm
Treibraddurchmesser	1870 „	Gesamtradstand	8290 „
Laufraddurchmesser	950 „	Spurweite	1435 „
Mittlere Zugkraft	6950 kg	Kleinster Kurvenradius	180 m
Heizfläche der Feuerbüchse	11,9 m²	Größte Länge der Lokomotive	11215 mm
Heizfläche der Rohre	145,6 „	(von Puffer bis Stoßplatte)	
Gesamtheizfläche (feuerberührt)	157,5 „	Größte Höhe der Lokomotive	4270 „
Rostfläche	2,65 „	Größte Breite der Lokomotive	3050 „

Tender

Wasservorrat	21,0 m³	Größte Länge des Tenders	7600 mm
Kohlenvorrat	6,5 t	Größte Breite des Tenders	3120 „
Raddurchmesser	1006 mm	Leergewicht	22,0 t
Gesamtradstand	5100 „	Dienstgewicht	49,5 „

Gesamtradstand von Lokomotive und Tender . . . . 16040 mm

Gesamtlänge von Lokomotive und Tender über Puffer . . . 18790 „

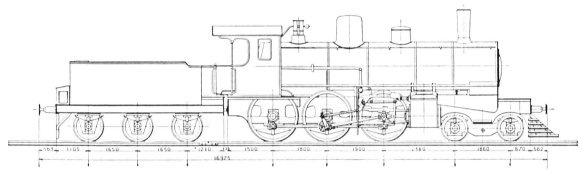

Vierzylinder-Verbund-Lokomotive für die Bulgarische Staatsbahn.

Lokomotive

Dampfspannung . . . . 13 Atm.	Leergewicht . . . . 52,6 t
Durchmesser der Hochdruckzylinder . . . . . . 380 mm	Reibungsgewicht . . . . 41,4 „
Durchmesser der Niederdruckzylinder . . . . 610 „	Dienstgewicht . . . . 57,9 „
Kolbenhub . . . . 660 „	Fester Radstand . . . . 3700 mm
Treibraddurchmesser . . . . 1640 „	Gesamtradstand . . . . 7940 „
Laufraddurchmesser . . . . 850 „	Spurweite . . . . 1435 „
Mittlere Zugkraft . . . . 7400 kg	Kleinster Kurvenradius . . . . 180 m
Heizfläche der Feuerbüchse . . . . 9,5 m²	Größte Länge der Lokomotive . . . . 10692 mm
Heizfläche der Rohre . . . . 118,7 „	(von Puffer bis Stoßplatte)
Gesamtheizfläche (feuerberührt) . . . . . . 128,2 „	Größte Höhe der Lokomotive . . . . 4287 „
Rostfläche . . . . 2,5 „	Größte Breite der Lokomotive . . . . 3130 „

Tender

Wasservorrat . . . . 10,0 m³	Größte Länge des Tenders . . . . 6303 mm
Kohlenvorrat . . . . 7,0 t	Größte Breite des Tenders . . . . 3103 „
Raddurchmesser . . . . 986 mm	Leergewicht . . . . 14,7 t
Gesamtradstand . . . . 3300 „	Dienstgewicht . . . . 31,7 „

Gesamtradstand von Lokomotive und Tender . . . . 14075 mm

Gesamtlänge von Lokomotive und Tender über Puffer . . . 16975 „

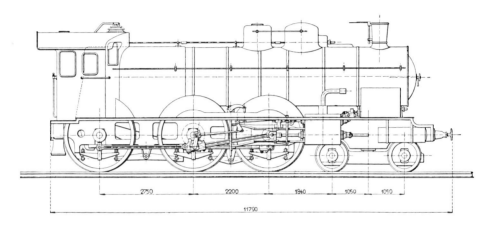

Vierzylinder-Verbund-Schnellzuglokomotive für die Französische Ostbahn.

Lokomotive

Dampfspannung	15 Atm.	Leergewicht ... 72,5 t
Durchmesser der Hochdruckzylinder	390 mm	Reibungsgewicht ... 53,9 ,,
Durchmesser der Niederdruckzylinder	590 ,,	Dienstgewicht ... 79,3 ,,
Kolbenhub	680 ,,	Fester Radstand ... 4950 mm
Treibraddurchmesser	2090 ,,	Gesamtradstand ... 8890 ,,
Laufraddurchmesser	920 ,,	Spurweite ... 1435 ,,
Mittlere Zugkraft	6500 kg	Kleinster Kurvenradius ... 180 m
Heizfläche der Feuerbüchse	16 2 m²	Größte Länge der Lokomotive ... 11790 mm
Heizfläche der Rohre	140,2 ,,	(von Puffer bis Stoßplatte)
Überhitzerheizfläche	35,2 ,,	Größte Höhe der Lokomotive ... 4220 ,,
Gesamtheizfläche (feuerberührt)	191,6 ,,	Größte Breite der Lokomotive ... 3000 ,,
Rostfläche	3,16 ,,	

Tender

Wasservorrat	22,3 m³	Größte Länge des Tenders ... 7633 mm
Kohlenvorrat	8,0 t	Größte Breite des Tenders ... 2850 ,,
Raddurchmesser	1240 mm	Leergewicht ... 20,0 t
Gesamtradstand	4500 ,,	Dienstgewicht ... 50,3 ,,

Gesamtradstand von Lokomotive und Tender .... 16353 mm

Gesamtlänge von Lokomotive und Tender über Puffer ... 19423 ,,

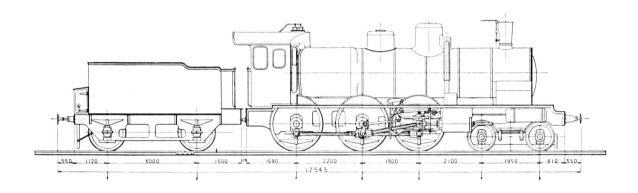

Vierzylinder-Verbund-Personenzuglokomotive für die Französische Ostbahn.

Lokomotive

Dampfspannung	15 Atm.	Leergewicht	61,8 t
Durchmesser der Hochdruckzylinder	350 mm	Reibungsgewicht	50,0 ,,
Durchmesser der Niederdruckzylinder	550 ,,	Dienstgewicht	69,4 ,,
Kolbenhub	640 ,,	Fester Radstand	4100 mm
Treibraddurchmesser	1750 ,,	Gesamtradstand	8150 ,,
Laufraddurchmesser	920 ,,	Spurweite	1435 ,,
Mittlere Zugkraft	6750 kg	Kleinster Kurvenradius	180 m
Heizfläche der Feuerbüchse	13,1 m²	Größte Länge der Lokomotive	11200 mm
Heizfläche der Rohre	197,5 ,,	(von Puffer bis Stoßplatte)	
Gesamtheizfläche (feuerberührt)	210,6 ,,	Größte Höhe der Lokomotive	4200 ,,
Rostfläche	2,56 ,,	Größte Breite der Lokomotive	2850 ,,

Tender

Wasservorrat	13,0 m³	Größte Länge des Tenders	6343 mm
Kohlenvorrat	5,0 t	Größte Breite des Tenders	2850 ,,
Raddurchmesser	1240 mm	Leergewicht	14,6 t
Gesamtradstand	3000 ,,	Dienstgewicht	32,6 ,,

Gesamtradstand von Lokomotive und Tender . . . . 14513 mm

Gesamtlänge von Lokomotive und Tender über Puffer . . . 17543 ,,

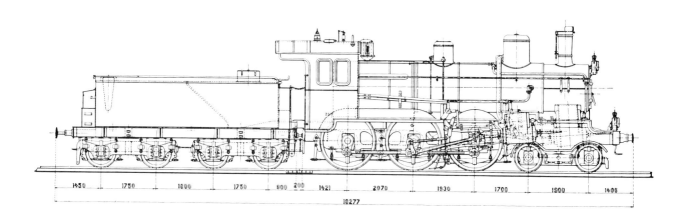

Vierzylinder-Verbund-Schnellzuglokomotive für die Madrid-Saragossa-Alicante-Eisenbahn.

Lokomotive

Dampfspannung . . . . 14 Atm.	Leergewicht . . . . 58,6 t
Durchmesser der Hochdruckzylinder . . . . . . 350 mm	Reibungsgewicht . . . . 43,5 „
Durchmesser der Niederdruckzylinder . . . . . 550 „	Dienstgewicht . . . . 64,4 „
Kolbenhub . . . . 650 „	Fester Radstand . . . . 4000 mm
Treibraddurchmesser . . . . 1750 „	Gesamtradstand . . . . 7600 „
Laufraddurchmesser . . . . 850 „	Spurweite . . . . 1676 „
Mittlere Zugkraft . . . . 5900 kg	Kleinster Kurvenradius . . . . 180 m
Heizfläche der Feuerbüchse . . . . 11,6 m²	Größte Länge der Lokomotive . . . . 10427 mm
Heizfläche der Rohre . . . . 170,8 „	(von Puffer bis Stoßplatte)
Gesamtheizfläche (feuerberührt) . . . . 182,4 „	Größte Höhe der Lokomotive . . . . 4300 „
Rostfläche . . . . 2,8 „	Größte Breite der Lokomotive . . . . 3100 „

Tender

Wasservorrat . . . . 20,0 m³	Größte Länge des Tenders . . . . 7850 mm
Kohlenvorrat . . . . 4,0 t	Größte Breite des Tenders . . . . 3100 „
Raddurchmesser . . . . 975 mm	Leergewicht . . . . 22,1 t
Gesamtradstand . . . . 5300 „	Dienstgewicht . . . . 46,1 „

Gesamtradstand von Lokomotive und Tender . . . . 15421 mm

Gesamtlänge von Lokomotive und Tender über Puffer . . . 18277 „

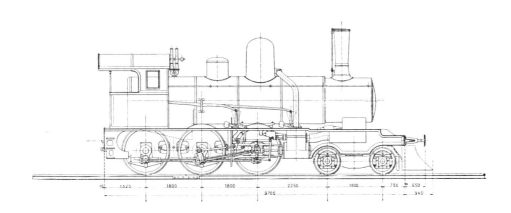

Vierzylinder-Verbund-Lokomotive für die Eisenbahn Smyrna-Cassaba und Verlängerung.

Lokomotive

Dampfspannung . . . . 13 Atm.		Leergewicht . . . . 49,2 t	
Durchmesser der Hochdruckzylinder . . . . . . 380 mm		Reibungsgewicht . . . . 37,5 „	
Durchmesser der Niederdruckzylinder . . . . . 530 „		Dienstgewicht . . . . 54,4 „	
Kolbenhub . . . . 600 „		Fester Radstand . . . . 3600 mm	
Treibraddurchmesser . . . . 1500 „		Gesamtradstand . . . . 7650 „	
Laufraddurchmesser . . . . 800 „		Spurweite . . . . 1435 „	
Mittlere Zugkraft . . . . 5450 kg		Kleinster Kurvenradius . . . . 180 m	
Heizfläche der Feuerbüchse . . . . 9,1 m²		Größte Länge der Lokomotive . . . . 10379 mm	
Heizfläche der Rohre . . . . 125,3 „		(von Puffer bis Stoßplatte)	
Gesamtheizfläche (feuerberührt) . . . . 134,4 „		Größte Höhe der Lokomotive . . . . 4600 „	
Rostfläche . . . . 1,85 „		Größte Breite der Lokomotive . . . . 3148 „	

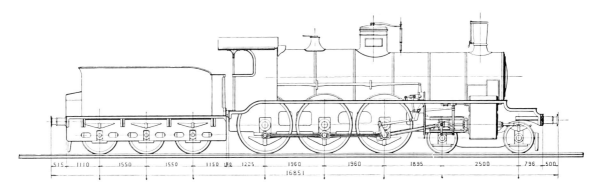

Verbund-Schnellzuglokomotive für die Italienische Staatsbahn.

Lokomotive

Dampfspannung	14 Atm.	Leergewicht	62,0 t
Durchmesser des Hochdruckzylinders	540 mm	Reibungsgewicht	45,0 „
Durchmesser des Niederdruckzylinders	800 „	Dienstgewicht	68,0 „
Kolbenhub	680 „	Fester Radstand	3920 mm
Treibraddurchmesser	1834 „	Gesamtradstand	8315 „
Laufraddurchmesser	974 „	Spurweite	1435 „
Mittlere Zugkraft	6430 kg	Kleinster Kurvenradius	180 m
Heizfläche der Feuerbüchse	13,0 m²	Größte Länge der Lokomotive	10816 mm
Heizfläche der Rohre	120,0 „	(von Puffer bis Stoßplatte)	
Gesamtheizfläche (feuerberührt)	133,0 „	Größte Höhe der Lokomotive	4200 „
Rostfläche	2,6 „	Größte Breite der Lokomotive	2940 „

Tender

Wasservorrat	13,0 m³	Größte Länge des Tenders	6035 mm
Kohlenvorrat	3,5 t	Größte Breite des Tenders	2940 „
Raddurchmesser	1210 mm	Leergewicht	17,0 t
Gesamtradstand	3100 „	Dienstgewicht	33,5 „

Gesamtradstand von Lokomotive und Tender .... 13930 mm

Gesamtlänge von Lokomotive und Tender über Puffer ... 16851 „

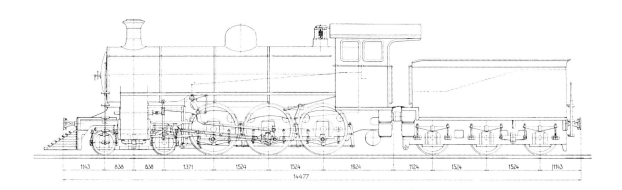

1143 | 838 | 838 | 1371 | 1524 | 1524 | 1924 | 1124 | 1524 | 1524 | 1143
14477

Personenzuglokomotive für die Aegyptische Staatsbahn (Assuan-Luxor).

Lokomotive

Dampfspannung	12,65 Atm.	Leergewicht	35,3 t
Durchmesser der Zylinder	441 mm	Reibungsgewicht	29,6 „
Kolbenhub	559 „	Dienstgewicht	39,6 „
Treibraddurchmesser	1372 „	Fester Radstand	3048 mm
Laufraddurchmesser	660 „	Gesamtradstand	6096 „
Mittlere Zugkraft	5250 kg	Spurweite	1067 „
Heizfläche der Feuerbüchse	10,6 m²	Größte Länge der Lokomotive	9163 „
Heizfläche der Rohre	88,1 „	Größte Höhe der Lokomotive	3724 „
Gesamtheizfläche (feuerberührt)	98,7 „	Größte Breite der Lokomotive	2864 „
Rostfläche	1,47 „	Kleinster Kurvenradius	152 m

Tender

Wasservorrat	11,36 m²	Größte Länge des Tenders	5315 mm
Kohlenvorrat	4,0 t	Größte Breite des Tenders	2914,5 „
Raddurchmesser	914 mm	Leergewicht	10,7 t
Gesamtradstand	3048 „	Dienstgewicht	25,7 „

Gesamtradstand von Lokomotive und Tender ... 12191 mm

Gesamtlänge von Lokomotive und Tender über Puffer .. 14477 „

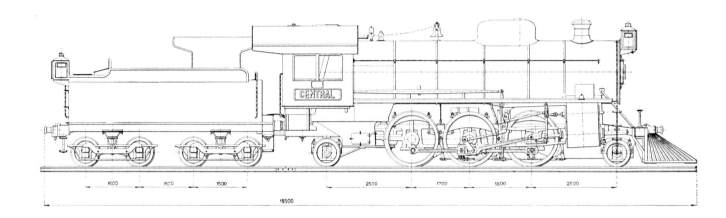

Personenzuglokomotive für die Brasilianische Zentralbahn.

Lokomotive

Dampfspannung	12,65 Atm.	Leergewicht	60,5 t
Durchmesser der Zylinder	600 mm	Reibungsgewicht	52,5 ,,
Kolbenhub	660 ,,	Dienstgewicht	69,0 ,,
Treibraddurchmesser	1575 ,,	Fester Radstand	1700 mm
Laufraddurchmesser (vorn)	775 ,,	Gesamtradstand	8500 ,,
Laufraddurchmesser (hinten)	775 ,,	Spurweite	1600 ,,
Mittlere Zugkraft	9500 kg	Kleinster Kurvenradius	58 m
Heizfläche der Feuerbüchse	13,0 m²	Größte Länge der Lokomotive	11125 mm
Heizfläche der Rohre	169,0 ,,	(von Puffer bis Stoßplatte)	
Überhitzerheizfläche	48,0 ,,	Größte Höhe der Lokomotive	4200 ,,
Gesamtheizfläche (feuerberührt)	230,0 ,,	Größte Breite der Lokomotive	3160 ,,
Rostfläche	3,85 ,,		

Tender

Wasservorrat	13,0 m³	Größte Länge des Tenders	7112 mm
Kohlenvorrat	5,0 t	Größte Breite des Tenders	2800 ,,
Raddurchmesser	840 mm	Leergewicht	18,0 t
Gesamtradstand	4800 ,,	Dienstgewicht	36,0 ,,

Gesamtradstand von Lokomotive und Tender . . . . 15670 mm

Gesamtlänge von Lokomotive und Tender über Puffer . . . 19300 ,,

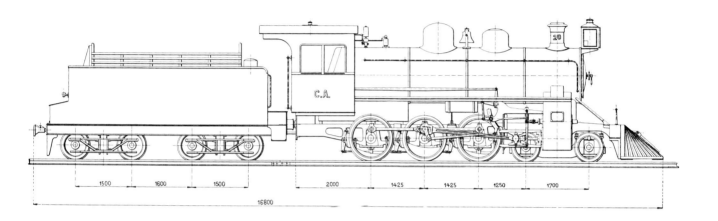

Personenzuglokomotive für die Compagnie Araraquara, Brasilien.

Lokomotive

Dampfspannung . . . . .12,65 Atm.	Leergewicht . . . . .32,8 t
Durchmesser der Zylinder . . . . 410 mm	Reibungsgewicht . . . . .28,5 ,,
Kolbenhub . . . . 480 ,,	Dienstgewicht . . . . .36,7 ,,
Treibraddurchmesser . . . . .1187 ,,	Fester Radstand . . . . .2850 mm
Laufraddurchmesser . . . . 750 ,,	Gesamtradstand . . . . .5800 ,,
Mittlere Zugkraft . . . . .4250 kg	Spurweite . . . . 1000 ,,
Heizfläche der Feuerbüchse . . . . 9,0 m²	Größte Länge der Lokomotive . . . . .9750 ,,
Heizfläche der Rohre . . . . 86,0 ,,	Größte Höhe der Lokomotive . . . . .3600 ,,
Gesamtheizfläche (feuerberührt) . . . . .95,0 ,,	Größte Breite der Lokomotive . . . . .2600 ,,
Rostfläche . . . . 1,4 ,,	

Tender

Wasservorrat . . . . 12,0 m²	Größte Länge des Tenders . . . . .6940 mm
Kohlenvorrat . . . . 4,5 t	Größte Breite des Tenders . . . . .2600 ,,
Raddurchmesser . . . . 750 mm	Leergewicht . . . . .12,2 t
Gesamtradstand . . . . .4600 ,,	Dienstgewicht . . . . 28,7 ,,

Gesamtradstand von Lokomotive und Tender . . . . 13640 mm

Gesamtlänge von Lokomotive und Tender über Puffer . . . 16800 ,,

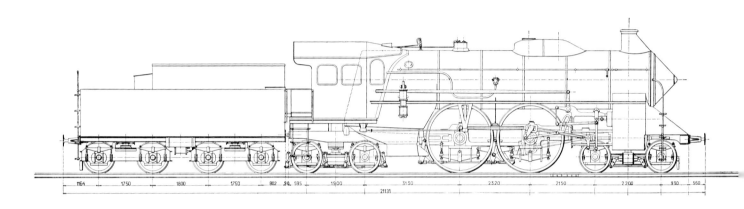

Vierzylinder-Verbund-Schnellzuglokomotive „S²/₆" für die Bayerische Staatsbahn.

Lokomotive

Dampfspannung . . . . 14 Atm.	Rostfläche. . . . . 4,7 m²
Durchmesser der Hochdruckzylinder . . . . . . 410 mm	Leergewicht. . . . . 74,5 t
Durchmesser der Niederdruckzylinder . . . . . 610 „	Reibungsgewicht . . . . 32,0 „
Kolbenhub . . . . 640 „	Dienstgewicht . . . . 82,5 „
Treibraddurchmesser . . . . 2200 „	Fester Radstand. . . . . 2320 mm
Laufraddurchmesser (vorn) . . . . 1006 „	Gesamtradstand . . . . 11700 „
Laufraddurchmesser (hinten) . . . . 1006 „	Spurweite. . . . . 1435 „
Mittlere Zugkraft . . . . 5720 kg	Kleinster Kurvenradius . . . . 180 m
Heizfläche der Feuerbüchse . . . . 16,5 m²	Größte Länge der Lokomotive . . . . 13775 mm
Heizfläche der Rohre. . . . . 199,0 „	(von Puffer bis Stoßplatte)
Überhitzerheizfläche . . . . 37,5 „	Größte Höhe der Lokomotive . . . . 4570 „
Gesamtheizfläche (feuerberührt) . . . . 253,0 „	Größte Breite der Lokomotive . . . . 3100 „

Tender

Wasservorrat . . . . 26,0 m³	Größte Länge des Tenders . . . . 7356 mm
Kohlenvorrat . . . . 7,0 t	Größte Breite des Tenders . . . . 3062 „
Raddurchmesser . . . . 1006 mm	Leergewicht. . . . . 19,5 t
Gesamtradstand . . . . 5300 „	Dienstgewicht . . . . 52,5 „

Gesamtradstand von Lokomotive und Tender . . . . 18487 mm

Gesamtlänge von Lokomotive und Tender über Puffer . . . 21131 „

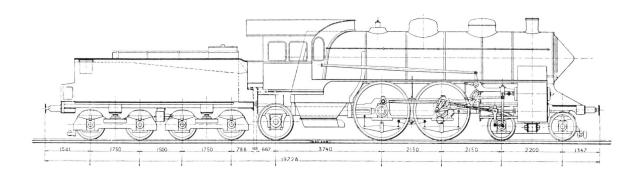

Vierzylinder-Verbund-Schnellzuglokomotive für die Bayerische Staatsbahn (Rheinpfalz).

Lokomotive

Dampfspannung . . . . 15 Atm.	Rostfläche . . . . 3,8 m²
Durchmesser der Hochdruckzylinder . . . . . . 360 mm	Leergewicht . . . . 68,7 t
Durchmesser der Niederdruckzylinder . . . . . . 590 ,,	Reibungsgewicht . . . . 33,0 ,,
Kolbenhub . . . . 640 ,,	Dienstgewicht . . . . 75,6 ,,
Treibraddurchmesser . . . . 2010 ,,	Fester Radstand . . . . 2150 mm
Laufraddurchmesser (vorn) . . . . 960 ,,	Gesamtradstand . . . . 10240 ,,
Laufraddurchmesser (hinten) . . . . 1216 ,,	Spurweite . . . . 1435 ,,
Mittlere Zugkraft . . . . 6310 kg	Kleinster Kurvenradius . . . . 180 m
Heizfläche der Feuerbüchse . . . . 13,8 m²	Größte Länge der Lokomotive . . . . 12254 mm
Heizfläche der Rohre . . . . 155,5 ,,	(von Puffer bis Stoßplatte)
Überhitzerheizfläche . . . . 53,4 ,,	Größte Höhe der Lokomotive . . . . 4280 ,,
Gesamtheizfläche (feuerberührt) . . . . 222,7 ,,	Größte Breite der Lokomotive . . . . 3090 ,,

Tender

Wasservorrat . . . . 20,0 m³	Größte Länge des Tenders . . . . 7474 mm
Kohlenvorrat . . . . 6,0 t	Größte Breite des Tenders . . . . 3090 ,,
Raddurchmesser . . . . 1006 mm	Leergewicht . . . . 21,3 t
Gesamtradstand . . . . 5000 ,,	Dienstgewicht . . . . 47,3 ,,

Gesamtradstand von Lokomotive und Tender . . . . 16800 mm

Gesamtlänge von Lokomotive und Tender über Puffer . . . 19728 ,,

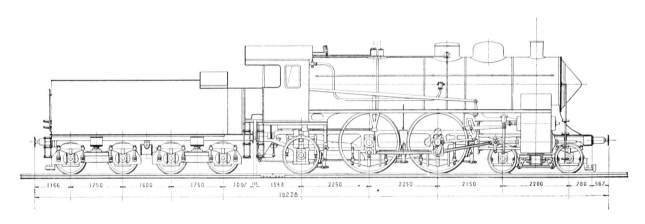

Vierzylinder-Verbund-Schnellzuglokomotive „S 2/5" für die Bayerische Staatsbahn.

Lokomotive

Dampfspannung	16 Atm.	
Durchmesser der Hochdruckzylinder	340 mm	
Durchmesser der Niederdruckzylinder	570 „	
Kolbenhub	640 „	
Treibraddurchmesser	2000 „	
Laufraddurchmesser (vorn)	950 „	
Laufraddurchmesser (hinten)	1206 „	
Mittlere Zugkraft	6770 kg	
Heizfläche der Feuerbüchse	14,5 m²	
Heizfläche der Rohre	191,0 „	
Gesamtheizfläche (feuerberührt)	205,5 „	
Rostfläche	3,28 „	

Leergewicht	62,0 t	
Reibungsgewicht	32,0 „	
Dienstgewicht	69,5 „	
Fester Radstand	4500 mm	
Gesamtradstand	8850 „	
Spurweite	1435 „	
Kleinster Kurvenradius	180 m	
Größte Länge der Lokomotive	11760 mm	
(von Puffer bis Stoßplatte)		
Größte Höhe der Lokomotive	4245 „	
Größte Breite der Lokomotive	3100 „	

Tender

Wasservorrat	21,8 m³	
Kohlenvorrat	7,5 t	
Raddurchmesser	1006 mm	
Gesamtradstand	5100 „	

Größte Länge des Tenders	7468 mm	
Größte Breite des Tenders	3120 „	
Leergewicht	22,0 t	
Dienstgewicht	51,3 „	

Gesamtradstand von Lokomotive und Tender .... 16715 mm

Gesamtlänge von Lokomotive und Tender über Puffer ... 19228 „

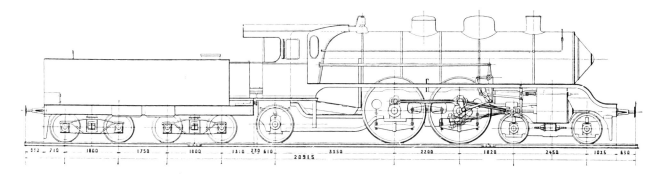

Vierzylinder-Verbund-Schnellzuglokomotive „II d" für die Badische Staatsbahn.

Lokomotive

Dampfspannung	16 Atm.	Leergewicht	66,8 t
Durchmesser der Hochdruckzylinder	335 mm	Reibungsgewicht	32,0 „
Durchmesser der Niederdruckzylinder	570 „	Dienstgewicht	74,0 „
Kolbenhub	620 „	Fester Radstand	2200 mm
Treibraddurchmesser	2100 „	Gesamtradstand	10420 „
Laufraddurchmesser (vorn)	900 „	Spurweite	1435 „
Laufraddurchmesser (hinten)	1200 „	Kleinster Kurvenradius	164,5 m
Mittlere Zugkraft	5820 kg	Größte Länge der Lokomotive	12685 mm
Heizfläche der Feuerbüchse	13,6 m²	(von Puffer bis Stoßplatte)	
Heizfläche der Rohre	196,5 „	Größte Höhe der Lokomotive	4150 „
Gesamtheizfläche (feuerberührt)	210,1 „	Größte Breite der Lokomotive	3110 „
Rostfläche	3,87 „		

Tender

Wasservorrat	20,0 m³	Größte Länge des Tenders	8230 mm
Kohlenvorrat	6,5 t	Größte Breite des Tenders	3110 „
Raddurchmesser	1006 mm	Leergewicht	22,7 t
Gesamtradstand	5350 „	Dienstgewicht	49,2 „

Gesamtradstand von Lokomotive und Tender .... 17920 mm

Gesamtlänge von Lokomotive und Tender über Puffer ... 20915 „

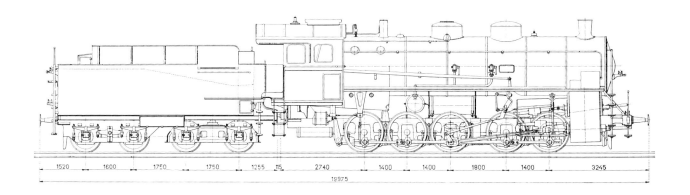

Vierzylinder-Verbund-Güterzuglokomotive „G⁵/₅" für die Bayerische Staatsbahn.

Lokomotive

Dampfspannung	16 Atm.	Leergewicht	75,3 t
Durchmesser der Hochdruckzylinder	450 mm	Reibungsgewicht	82,8 ,,
Durchmesser der Niederdruckzylinder	690 ,,	Dienstgewicht	82,8 ,,
Kolbenhub	610/640 ,,	Fester Radstand	3200 mm
Treibraddurchmesser	1270 ,,	Gesamtradstand	6000 ,,
Mittlere Zugkraft	14600 kg	Spurweite	1435 ,,
Heizfläche der Feuerbüchse	13,6 m²	Kleinster Kurvenradius	180 m
Heizfläche der Rohre	178,5 ,,	Größte Länge der Lokomotive	11985 mm
Überhitzerheizfläche	55,4 ,,	(von Puffer bis Stoßplatte)	
Gesamtheizfläche (feuerberührt)	247,5 ,,	Größte Höhe der Lokomotive	4615 ,,
Rostfläche	3,7 ,,	Größte Breite der Lokomotive	3110 ,,

Tender

Wasservorrat	22,0 m³	Größte Länge des Tenders	7990 mm
Kohlenvorrat	8,0 t	Größte Breite des Tenders	3100 ,,
Raddurchmesser	1006 mm	Leergewicht	24,0 t
Gesamtradstand	5100 ,,	Dienstgewicht	54,0 ,,

Gesamtradstand von Lokomotive und Tender . . . . 15210 mm

Gesamtlänge von Lokomotive und Tender über Puffer . . . 19975 ,,

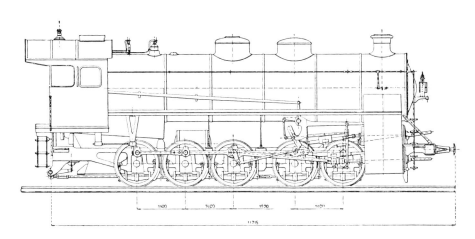

Vierzylinder-Verbund-Güterzuglokomotive „G 5/5" für die Bayerische Staatsbahn.

Lokomotive

Dampfspannung	16 Atm.	Leergewicht	69,5 t
Dnrchmesser der Hochdruckzylinder	425 mm	Reibungsgewicht	77,5 „
Durchmesser der Niederdruckzylinder	650 „	Dienstgewicht	77,5 „
Kolbenhub	610/640 „	Fester Radstand	3200 mm
Treibraddurchmesser	1270 „	Gesamtradstand	6000 „
Mittlere Zugkraft	13700 kg	Spurweite	1435 „
Heizfläche der Feuerbüchse	13,2 m²	Kleinster Kurvenradius	180 m
Heizfläche der Rohre	192,8 „	Größte Länge der Lokomotive	11715 mm
Überhitzerheizfläche	47,0 „	(von Puffer bis Stoßplatte)	
Gesamtheizfläche (feuerberührt)	253,0 „	Größte Höhe der Lokomotive	4615 „
Rostfläche	3,7 „	Größte Breite der Lokomotive	3050 „

Tender

Wasservorrat	22,0 m³	Größte Länge des Tenders	7517 mm
Kohlenvorrat	7,5 t	Größte Breite des Tenders	3080 „
Raddurchmesser	1006 mm	Leergewicht	21,5 t
Gesamtradstand	5100 „	Dienstgewicht	51,0 „

Gesamtradstand von Lokomotive und Tender . . . . 14700 mm

Gesamtlänge von Lokomotive und Tender über Puffer . . . 19232 „

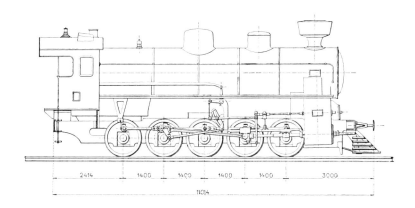

Zweizylinder-Verbund-Güterzuglokomotive für die Bulgarische Staatsbahn.

Lokomotive

Dampfspannung	14 Atm.	Reibungsgewicht	68,0 t
Durchmesser des Hochdruckzylinders	560 mm	Dienstgewicht	68,0 „
Durchmesser des Niederdruckzylinders	850 „	Fester Radstand	2800 mm
Kolbenhub	650 „	Gesamtradstand	5600 „
Treibraddurchmesser	1250 „	Spurweite	1435 „
Mittlere Zugkraft	9900 kg	Kleinster Kurvenradius	250 m
Heizfläche der Feuerbüchse	13,0 m²	Größte Länge der Lokomotive	11014 mm
Heizfläche der Rohre	197 „	(von Puffer bis Stoßplatte)	
Gesamtheizfläche (feuerberührt)	210 „	Größte Höhe der Lokomotive	4570 „
Rostfläche	3,75 „	Größte Breite der Lokomotive	3150 „
Leergewicht	59,0 t		

Tender

Wasservorrat	12,0 m³	Größte Länge des Tenders	6310 mm
Kohlenvorrat	6,0 t	Größte Breite des Tenders	3150 „
Raddurchmesser	1000 mm	Leergewicht	16,6 t
Gesamtradstand	3300 „	Dienstgewicht	34,6 „

Gesamtradstand von Lokomotive und Tender .... 12625 mm

Gesamtlänge von Lokomotive und Tender über Puffer ... 17450 „

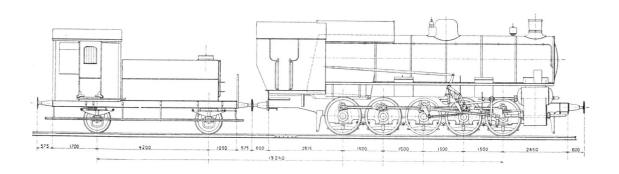

Vierzylinder-Verbund-Güterzuglokomotive Gr. 470 für die Italienische Staatsbahn.

Lokomotive

Dampfspannung	16 Atm.	Reibungsgewicht	75,0 t
Durchmesser der Hochdruckzylinder	375 mm	Dienstgewicht	75,0 „
Durchmesser der Niederdruckzylinder	610 „	Fester Radstand	3000 mm
Kolbenhub	650 „	Gesamtradstand	6000 „
Treibraddurchmesser	1350 „	Spurweite	1435 „
Mittlere Zugkraft	11000 kg	Größte Länge der Lokomotive	12465 „
Heizfläche der Feuerbüchse	12,0 m²	(von Puffer bis Stoßplatte)	
Heizfläche der Rohre	207,5 „	Größte Höhe der Lokomotive	4255 „
Gesamtheizfläche (feuerberührt)	219,5 „	Größte Breite der Lokomotive	2950 „
Rostfläche	3,48 „	Kohlenvorrat	4,0 t
Leergewicht	64,7 t		

Tender

Wasservorrat	13,0 m³	Größte Breite des Tenders	3000 mm
Raddurchmesser	980 mm	Leergewicht	13,0 t
Gesamtradstand	4200 „	Dienstgewicht	26,0 „
Größte Länge des Tenders	8100 mm		

Gesamtradstand von Lokomotive und Tender . . . . 15240 mm

Gesamtlänge von Lokomotive und Tender über Puffer . . . 20565 „

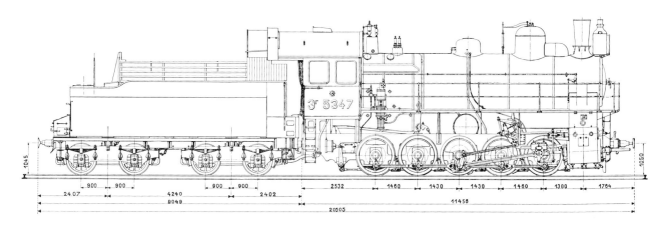

Güterzuglokomotive für die Russische Staatsbahn.

Lokomotive

Dampfspannung	12 Atm.	Leergewicht	72,1 t
Durchmesser der Zylinder	650 mm	Reibungsgewicht	80,6 „
Kolbenhub	700 „	Dienstgewicht	80,6 „
Treibraddurchmesser	1320 „	Fester Radstand	4320 mm
Mittlere Zugkraft	13500 kg	Gesamtradstand	5780 „
Heizfläche der Feuerbüchse	17,7 m²	Spurweite	1524 „
Heizfläche der Rohre	172,3 „	Größte Länge der Lokomotive	11456 „
Ueberhitzerheizfläche	50,9 „	(von Puffer bis Stoßplatte)	
Gesamtheizfläche (feuerberührt)	240,9 „	Größte Höhe der Lokomotive	5211 „
Rostfläche	4,46 „	Größte Breite der Lokomotive	3300 „

Tender

Wasservorrat	23,0 m³	Größte Länge des Tenders	9049 mm
Kohlenvorrat	6,0 t	Größte Breite des Tenders	3312 „
Raddurchmesser	1010 mm	Leergewicht	23,5 t
Gesamtradstand	6040 „	Dienstgewicht	52,5 „

Gesamtradstand von Lokomotive und Tender .. .. 15854 mm

Gesamtlänge von Lokomotive und Tender über Puffer .. 20505 „

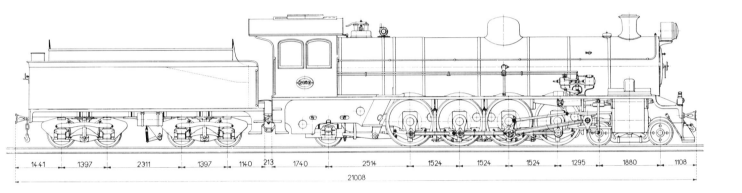

1441 | 1397 | 2311 | 1397 | 1140 | 213 | 1740 | 2514 | 1524 | 1524 | 1524 | 1295 | 1880 | 1108

21008

Lokomotive für gemischten Dienst für die Südafrikanischen Eisenbahnen.

Lokomotive

Dampfspannung .. ..13,04 Atm.	Leergewicht .. .. 83,3 t
Durchmesser der Zylinder .. .. 559 mm	Reibungsgewicht .. .. 65,1 „
Kolbenhub .. .. 711 „	Dienstgewicht .. .. 92,2 „
Treibraddurchmesser .. ..1448 „	Fester Radstand.. .. ..4572 mm
Laufraddurchmesser.. .. .. 724/838 „	Gesamtradstand .. .. 10261 „
Mittlere Zugkraft .. .. 10000 kg	Spurweite .. ..1067 „
Heizfläche der Feuerbüchse .. .. 17,9 m²	Größte Länge der Lokomotive .. .. 13185 „
Heizfläche der Rohre .. ..153,1 „	(von Puffer bis Stoßplatte)
Ueberhitzerheizfläche .. .. 48,0 „	Größte Höhe der Lokomotive .. ..3911 „
Gesamtheizfläche (feuerberührt) .. ..219,0 „	Größte Breite der Lokomotive .. .. 2794 „
Rostfläche .. .. 3,72 „	

Tender

Wasservorrat .. .. 19,3 m³	Größte Länge des Tenders .. .. 7823 mm
Kohlenvorrat .. .. 10,2 t	Größte Breite des Tenders .. ..2699 „
Raddurchmesser. .. .. 851 mm	Leergewicht .. .. 22,3 t
Gesamtradstand .. .. 5105 „	Dienstgewicht .. .. 51,8 „

Gesamtradstand von Lokomotive und Tender .. ..18459 mm

Gesamtlänge von Lokomotive und Tender über Puffer .. 21008 „

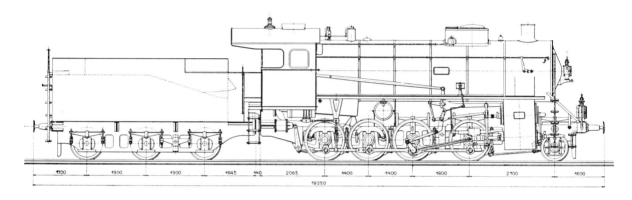

Vierzylinder-Verbund-Güterzuglokomotive „G 4/5" für die Bayerische Staatsbahn.

Lokomotive

Dampfspannung . . . . 16 Atm.	Leergewicht. . . . . 69,7 t	
Durchmesser der Hochdruckzylinder . . . . . . 400 mm	Reibungsgewicht. . . . . 64,0 ,,	
Durchmesser der Niederdruckzylinder . . . . . 620 ,,	Dienstgewicht . . . . 76,9 ,,	
Kolbenhub . . . . 610/640 ,,	Fester Radstand . . . . 3200 mm	
Treibraddurchmesser . . . . 1270 ,,	Gesamtradstand . . . . 7300 ,,	
Laufraddurchmesser . . . . 850 ,,	Spurweite . . . . 1435 ,,	
Mittlere Zugkraft . . . . 11750 kg	Kleinster Kurvenradius . . . . 160 m	
Heizfläche der Feuerbüchse . . . . 12,0 m²	Größte Länge der Lokomotive . . . . 10990 mm	
Heizfläche der Rohre . . . . 167,0 ,,	(von Puffer bis Stoßplatte)	
Überhitzerheizfläche . . . . 58,0 ,,	Größte Höhe der Lokomotive . . . . 4625 ,,	
Gesamtheizfläche (feuerberührt) . . . . 237,0 ,,	Größte Breite der Lokomotive . . . . 3075 ,,	
Rostfläche . . . . 3,3 ,,		

Tender

Wasservorrat . . . . 20,2 m³	Größte Länge des Tenders . . . . 7260 mm	
Kohlenvorrat . . . . 6 5 ,,	Größte Breite des Tenders . . . . 2975 ,,	
Raddurchmesser . . . . 1006 ,,	Leergewicht . . . . 19,0 t	
Gesamtradstand . . . . 3800 ,,	Dienstgewicht . . . . 45,7 ,,	

Gesamtradstand von Lokomotive und Tender . . . . 14950 mm

Gesamtlänge von Lokomotive und Tender über Puffer . . . 18250 ,,

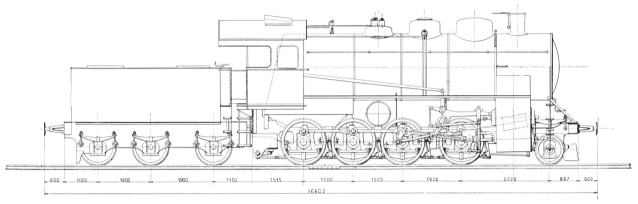

Vierzylinder-Verbund-Vorspannlokomotive „C⁴/₅" für die Gotthardbahn.

Lokomotive

Dampfspannung . . . . 15 Atm.	Leergewicht . . . . 70,7 t
Durchmesser der Hochdruckzylinder . . . . . 395 mm	Reibungsgewicht . . . . 62,2 „
Durchmesser der Niederdruckzylinder . . . . . 635 „	Dienstgewicht . . . . 76,4 „
Kolbenhub . . . . 640 „	Fester Radstand . . . . 3300 mm
Treibraddurchmesser . . . . 1350 „	Gesamtradstand . . . . 7520 „
Laufraddurchmesser . . . . 870 „	Spurweite 1435
Mittlere Zugkraft . . . . 10900 kg	Kleinster Kurvenradius . . . . 180 m
Heizfläche der Feuerbüchse . . . . 13,1 m²	Größte Länge der Lokomotive . . . . 11032 mm
Heizfläche der Rohre . . . . 200,0 „	(von Puffer bis Stoßplatte
Dampftrockenheizfläche . . . . 41,0 „	Größte Höhe der Lokomotive . . . . 4490 „
Gesamtheizfläche (feuerberührt) . . . . . . 254,1 „	Größte Breite der Lokomotive . . . . 3000 „
Rostfläche . . . . 4,07 „	

Tender

Wasservorrat . . . . 17,0 m³	Größte Länge des Tenders . . . . 6250 mm
Kohlenvorrat . . . . 5,0 t	Größte Breite des Tenders . . . . 3108 „
Raddurchmesser . . . . 1060 mm	Leergewicht . . . . 16,0 t
Gesamtradstand . . . . 3500 „	Dienstgewicht . . . . 38,0 „

Gesamtradstand von Lokomotive und Tender . . . . 13715 mm

Gesamtlänge von Lokomotive und Tender über Puffer . . . 16802 „ ,

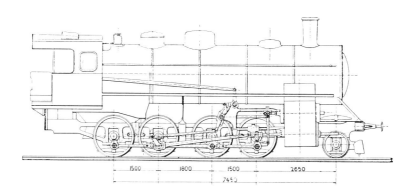

Vierzylinder-Verbund-Güterzuglokomotive „VIIIe" für die Badische Staatsbahn.

Lokomotive

Dampfspannung	16 Atm.	Leergewicht	71,0 t
Durchmesser der Hochdruckzylinder	395 mm	Reibungsgewicht	66,0 „
Durchmesser der Niederdruckzylinder	635 „	Dienstgewicht	78,0 „
Kolbenhub	640 „	Fester Radstand	3300 mm
Treibraddurchmesser	1350 „	Gesamtradstand	7450 „
Laufraddurchmesser	850 „	Spurweite	1435 „
Mittlere Zugkraft	11500 kg	Kleinster Kurvenradius	164,5 m
Heizfläche der Feuerbüchse	13,0 m²	Größte Länge der Lokomotive	11430 mm
Heizfläche der Rohre	182,0 „	(von Puffer bis Stoßplatte)	
Dampftrocknerheizfläche	50,0 „		
Gesamtheizfläche (feuerberührt)	245,0 „	Größte Höhe der Lokomotive	4650 „
Rostfläche	3,75 „	Größte Breite der Lokomotive	3000 „

Tender

Wasservorrat	20,0 m³	Größte Länge des Tenders	7690 mm
Kohlenvorrat	7,0 t	Größte Breite des Tenders	3100 „
Raddurchmesser	1006 mm	Leergewicht	21,5 t
Gesamtradstand	5000 „	Dienstgewicht	48,5 „

Gesamtradstand von Lokomotive und Tender . . . . 16200 mm

Gesamtlänge von Lokomotive und Tender über Puffer . . . 19124 „

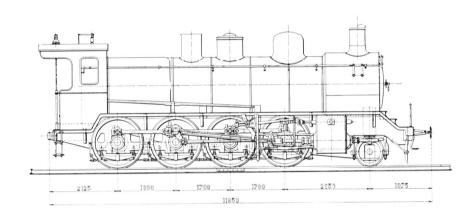

Personenzuglokomotive für die Spanische Nordbahn.

Lokomotive

Dampfspannung . . . . 12 Atm.	Leergewicht . . . . 67,8 t
Durchmesser der Zylinder . . . . 610 mm	Reibungsgewicht . . . . 62,0 ,,
Kolbenhub . . . . 650 ,,	Dienstgewicht . . . . 75,0 ,,
Treibraddurchmesser . . . . 1560 ,,	Fester Radstand . . . . 3500 mm
Laufraddurchmesser . . . . 860 ,,	Gesamtradstand . . . . 7850 ,,
Mittlere Zugkraft . . . . 9280 kg	Spurweite . . . . 1676 ,,
Heizfläche der Feuerbüchse . . . . 14,8 m²	Kleinster Kurvenradius . . . . 180 m
Heizfläche der Rohre . . . . 167,6 ,,	Größte Länge der Lokomotive . . . . 11950 mm
Überhitzerheizfläche . . . . 52,6 ,,	(von Puffer bis Stoßplatte)
Gesamtheizfläche (feuerberührt) . . . . . . 235,0 ,,	Größte Höhe der Lokomotive . . . . 4200 ,,
Rostfläche . . . . 3,0 ,,	Größte Breite der Lokomotive . . . . 3204 ,,

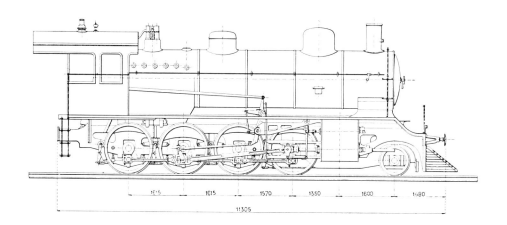

Güterzuglokomotive für die Eisenbahn Damas-Hama und Verlängerung (Syrien).

Lokomotive

Dampfspannung . . . . 12 Atm.	Leergewicht . . . . 57,2 t
Durchmesser der Zylinder . . . . 550 mm	Reibungsgewicht . . . . 54,0 ,,
Kolbenhub . . . . 660 ,,	Dienstgewicht . . . . 63,2 ,,
Treibraddurchmesser . . . . .1450 ,,	Fester Radstand . . . . .4800 mm
Laufraddurchmesser . . . . 850 ,,	Gesamtradstand . . . . .7750 ,,
Mittlere Zugkraft . . . . .8260 kg	Spurweite . . . . .1435 ,,
Heizfläche der Feuerbüchse . . . . 14,9 m²	Kleinster Kurvenradius . . . . 180 m
Heizfläche der Rohre . . . . 140,0 ,,	Größte Länge der Lokomotive . . . . .11305 mm
Überhitzerheizfläche . . . . 32,0 ,,	(von Puffer bis Stoßplatte)
Gesamtheizfläche (feuerberührt) . . . . 186,9 ,,	Größte Höhe der Lokomotive . . . . .4380 ,,
Rostfläche . . . . 2,6 ,,	Größte Breite der Lokomotive . . . . .2880 ,,

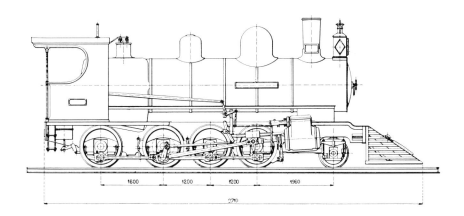

Güterzuglokomotive für die Eisenbahngesellschaft der Provinz Santa Fé (Argentinien).

Lokomotive

Dampspannung . . . . 12 Atm.	Leergewicht . . . . 33,3 t
Durchmesser der Zylinder . . . . 400 mm	Reibungsgewicht . . . . 30,0 ,,
Kolbenhub . . . . 550 ,,	Dienstgewicht . . . . 36,8 ,,
Treibraddurchmesser . . . . 1050 ,,	Fester Radstand . . . . 2400 mm
Laufraddurchmesser . . . . 700 ,,	Gesamtradstand . . . . 5960 ,,
Mittlere Zugkraft . . . . 5030 kg	Spurweite . . . . 1000 ,,
Heizfläche der Feuerbüchse . . . . 5,9 m²	Größte Länge der Lokomotive . . . . 9710 ,,
Heizfläche der Rohre . . . . 78,3 ,,	(von Puffer bis Stoßplatte)
Gesamtheizfläche (feuerberührt) . . . . 84,2 ,,	Größte Höhe der Lokomotive . . . . 3700 ,,
Rostfläche . . . . 1,6 ,,	Größte Breite der Lokomotive . . . . 2450 ,,

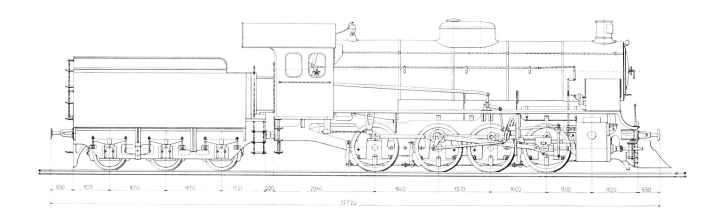

Güterzuglokomotive für die Anatolische Bahn.

Lokomotive

Dampfspannung . . . . 12 Atm.	Reibungsgewicht . . . . 63,0 t
Durchmesser der Zylinder . . . . 600 mm	Dienstgewicht . . . . 63,0 ,,
Kolbenhub . . . . 630 ,,	Fester Radstand . . . . 3100 mm
Treibraddurchmesser . . . . 1350 ,,	Gesamtradstand . . . . 4940 ,,
Mittlere Zugkraft . . . . 10100 kg	Spurweite . . . . 1435 ,,
Heizfläche der Feuerbüchse . . . . 12,8 m²	Kleinster Kurvenradius . . . . 180 m
Heizfläche der Rohre . . . . 142,0 ,,	Größte Länge der Lokomotive . . . . 11250 mm
Überhitzerheizfläche . . . . 40,0 ,,	(von Puffer bis Stoßplatte)
Gesamtheizfläche (feuerberührt) . . . . . . 194,8 ,,	Größte Höhe der Lokomotive . . . . 4290 ,,
Rostfläche . . . . 3,13 ,,	Größte Breite der Lokomotive . . . . 3000 ,,
Leergewicht . . . . 56,0 t	

Tender

Wasservorrat . . . . 16,0 m³	Größte Länge des Tenders . . . . 6470 mm
Kohlenvorrat . . . . 5,0 t	Größte Breite des Tenders . . . . 3000 ,,
Raddurchmesser . . . . 980 mm	Leergewicht . . . . 17,3 t
Gesamtradstand . . . . 3300 ,,	Dienstgewicht . . . . 38,3 ,,

Gesamtradstand von Lokomotive und Tender . . . . 12725 mm

Gesamtlänge von Lokomotive und Tender über Puffer . . . 17720 ,,

Güterzuglokomotive für die Bayerische Staatsbahn (Rheinpfalz).

Lokomotive

Dampfspannung	12 Atm.	
Durchmesser der Zylinder	530 mm	
Kolbenhub	630 ,,	
Treibraddurchmesser	1250 ,,	
Mittlere Zugkraft	8500 kg	
Heizfläche der Feuerbüchse	10,3 m²	
Heizfläche der Rohre	135,4 ,,	
Gesamtheizfläche (feuerberührt)	145,7 ,,	
Rostfläche	2,25 ,,	
Leergewicht	47,8 t	

Reibungsgewicht . . . . 54,8 t
Dienstgewicht . . . . 54,8 ,,
Fester Radstand . . . . 4450 mm
Gesamtradstand . . . . 4450 ,,
Spurweite . . . . 1435 ,,
Kleinster Kurvenradius . . . . 180 m
Größte Länge der Lokomotive . . . . 10618 mm
    (von Puffer bis Stoßp'atte)
Größte Höhe der Lokomotive . . . . 4280 ,,
Größte Breite der Lokomotive . . . . 3140 ,,

Tender

Wasservorrat . . . . 12,0 m³
Kohlenvorrat . . . . 6,0 t
Raddurchmesser . . . . 945 mm
Gesamtradstand . . . . 3150 ,,

Größte Länge des Tenders . . . . 6295 mm
Größte Breite des Tenders . . . . 3140 ,,
Leergewicht . . . . 14,5 t
Dienstgewicht . . . . 32,5 ,,

Gesamtradstand von Lokomotive und Tender . . . . 12005 mm
Gesamtlänge von Lokomotive und Tender über Puffer . . . 16913 ,,

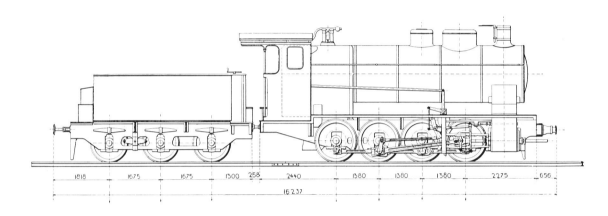

Güterzuglokomotive für die Madrid-Saragossa-Alicante-Eisenbahn.

Lokomotive

Dampfspannung . . . . 12 Atm.	Reibungsgewicht . . . . 57,2 t
Durchmesser der Zylinder . . . . 500 mm	Dienstgewicht . . . . 57,2 „
Kolbenhub . . . . 650 „	Fester Radstand . . . . 1380 mm
Treibraddurchmesser . . . . 1302 „	Gesamtradstand . . . . 4140 „
Mittlere Zugkraft . . . . 7500 kg	Spurweite . . . . 1676 „
Heizfläche der Feuerbüchse . . . . 12,0 m²	Kleinster Kurvenradius . . . . 180 m
Heizfläche der Rohre . . . . 144,0 „	Größte Länge der Lokomotive . . . . 9535 mm
Gesamtheizfläche (feuerberührt) . . . . 156,0 „	(von Puffer bis Stoßplatte)
Rostfläche . . . . 3,0 „	Größte Höhe der Lokomotive . . . . 4300 „
Leergewicht . . . . 51,0 t	Größte Breite der Lokomotive . . . . 3195 „

Tender

Wasservorrat . . . . 14,0 m³	Größte Länge des Tenders . . . . 6702 mm
Kohlenvorrat . . . . 4,0 t	Größte Breite des Tenders . . . . 3197 „
Raddurchmesser . . . . 1150 mm	Leergewicht . . . . 19,0 t
Gesamtradstand . . . . 3350 „	Dienstgewicht . . . . 37,0 „

Gesamtradstand von Lokomotive und Tender . . . . 11488 mm

Gesamtlänge von Lokomotive und Tender über Puffer . . . 16237 „

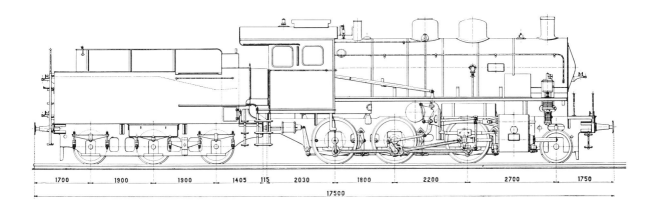

Güterzuglokomotive „G 3/4" für die Bayerische Staatsbahn.

Lokomotive

Dampfspannung	13 Atm.	Leergewicht.	56,5 t
Durchmesser der Zylinder	520 mm	Reibungsgewicht	50,3 „
Kolbenhub	630 „	Dienstgewicht	62,5 „
Treibraddurchmesser	1350 „	Fester Radstand	4000 mm
Laufraddurchmesser	950 „	Gesamtradstand	6700 „
Mittlere Zugkraft	8200 kg	Spurweite	1435 „
Heizfläche der Feuerbüchse	10,1 m²	Kleinster Kurvenradius	160 m
Heizfläche der Rohre.	118,7 „	Größte Länge der Lokomotive	10480 mm
Überhitzerheizfläche	37,7 „	(von Puffer bis Stoßplatte)	
Gesamtheizfläche (feuerberührt)	166,5 „	Größte Höhe der Lokomotive	4280 „
Rostfläche	2,64 „	Größte Breite der Lokomotive	3110 „

Tender

Wasservorrat	18,0 m³	Größte Länge des Tenders	7020 mm
Kohlenvorrat	6,0 t	Größte Breite des Tenders	3100 „
Raddurchmesser	1006 mm	Leergewicht.	19,3 t
Gesamtradstand	3800 „	Dienstgewicht	43,3 „

Gesamtradstand von Lokomotive und Tender. . . . . 14050 mm

Gesamtlänge von Lokomotive und Tender über Puffer . . . 17500 „

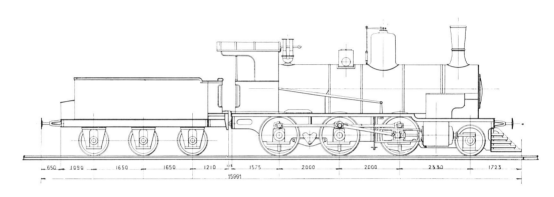

Güterzuglokomotive für die Anatolische Bahn.

Lokomotive

Dampfspannung	10 Atm.	Reibungsgewicht	40,0 t
Durchmesser der Zylinder	450 mm	Dienstgewicht	47,6 ,,
Kolbenhub	630 ,,	Fester Radstand	4000 mm
Treibraddurchmesser	1330 ,,	Gesamtradstand	6330 ,,
Laufraddurchmesser	980 ,,	Spurweite	1435 ,,
Mittlere Zugkraft	4790 kg	Kleinster Kurvenradius	180 m
Heizfläche der Feuerbüchse	10,0 m²	Größte Länge der Lokomotive	9650 mm
Heizfläche der Rohre	123,2 ,,	(von Puffer bis Stoßplatte)	
Gesamtheizfläche (feuerberührt)	133,2 ,,	Größte Höhe der Lokomotive	4200 ,,
Rostfläche	2,14 ,,	Größte Breite der Lokomotive	3000 ,,
Leergewicht	41,0 t		

Tender

Wasservorrat	10,5 m³	Größte Länge des Tenders	6341 mm
Kohlenvorrat	4,0 t	Größte Breite des Tenders	2988 ,,
Raddurchmesser	980 mm	Leergewicht	13,6 t
Gesamtradstand	3300 ,,	Dienstgewicht	28,1 ,,

Gesamtradstand von Lokomotive und Tender . . . . 12528 mm

Gesamtlänge von Lokomotive und Tender über Puffer . . . 15991 ,,

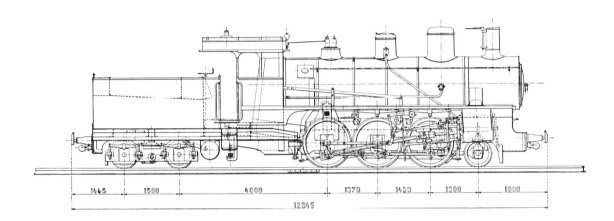

Personenzuglokomotive mit Stütztender,
für die Pamplona-Plazaola-Andoain-Lasarte-Eisenbahn (Spanien).

Lokomotive

Dampfspannung	12 Atm.	Leergewicht	37,6 t
Durchmesser der Zylinder	400 mm	Reibungsgewicht	34,7 „
Kolbenhub	600 „	Dienstgewicht	41,2 „
Treibraddurchmesser	1300 „	Fester Radstand	2800 mm
Laufraddurchmesser	720 „	Gesamtradstand	4100 „
Mittlere Zugkraft	4430 kg	Spurweite	1000 „
Heizfläche der Feuerbüchse	6,4 m²	Kleinster Kurvenradius	100 m
Heizfläche des Rohre	102,5 „	Größte Höhe der Lokomotive	3700 „
Gesamtheizfläche (feuerberührt)	108,9 „	Größte Breite der Lokomotive	2480 „
Rostfläche	1,75 „		

Tender

Wasservorrat	6,0 m³	Größte Breite des Tenders	2480 mm
Kohlenvorrat	4,0 t	Leergewicht	9,7 t
Raddurchmesser	720 mm	Dienstgewicht	19,7 „
Gesamtradstand	1500 „		

Gesamtradstand von Lokomotive und Tender .. .. 9600 mm

Gesamtlänge von Lokomotive und Tender über Puffer .. ..12945 „

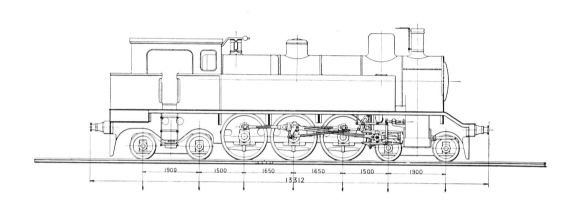

Tenderlokomotive für die Madrid-Saragossa-Alicante-Eisenbahn.

Dampfspannung . . . . 12 Atm.	Reibungsgewicht . . . . 39,0 t
Durchmesser der Zylinder . . . . 440 mm	Dienstgewicht . . . . 75,2 ,,
Kolbenhub . . . . 630 ,,	Fester Radstand . . . . 3300 mm
Treibraddurchmesser . . . . 1544 ,,	Gesamtradstand . . . . 10100 ,,
Laufraddurchmesser (vorn) . . . . 850 ,,	Spurweite . . . . 1676 ,,
Laufraddurchmesser (hinten) . . . . 850 ,,	Kleinster Kurvenradius . . . . 180 m
Mittlere Zugkraft . . . . 4725 kg	Größte Länge der Lokomotive . . . . 13312 mm
Heizfläche der Feuerbüchse . . . . 12,0 m²	Größte Höhe der Lokomotive . . . . 4300 ,,
Heizfläche der Rohre . . . . 160,0 ,,	Größte Breite der Lokomotive . . . . 3100 ,,
Gesamtheizfläche (feuerberührt) . . . . 172,0 ,,	Wasservorrat . . . . 8,0 m³
Rostfläche . . . . 2,85 ,,	Kohlenvorrat . . . . 3,5 t
Leergewicht . . . . 58,9 ,,	

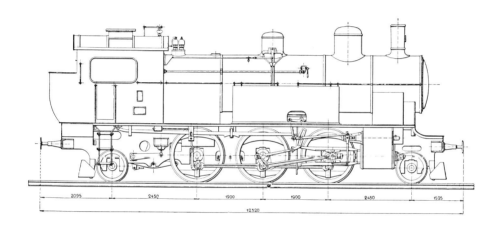

Tenderlokomotive für die Bodensee-Toggenburg-Bahn, Schweiz.

Dampfspannung	12 Atm.	Leergewicht	55,3 t
Durchmesser der Zylinder	540 mm	Reibungsgewicht	48,0 „
Kolbenhub	600 „	Dienstgewicht	74,3 „
Treibraddurchmesser	1540 „	Fester Radstand	3800 mm
Laufraddurchmesser (vorn)	870 „	Gesamtradstand	8700 „
Laufraddurchmesser (hinten)	870 „	Spurweite	1435 „
Mittlere Zugkraft	6800 kg	Kleinster Kurvenradius	180 m
Heizfläche der Feuerbüchse	10,5 m²	Größte Länge der Lokomotive	12320 mm
Heizfläche der Rohre	118,5 „	Größte Höhe der Lokomotive	4500 „
Überhitzerheizfläche	32,0 „	Größte Breite der Lokomotive	3120 „
Gesamtheizfläche (feuerberührt)	161,0 „	Wasservorrat	10,0 m³
Rostfläche	2,4 „	Kohlenvorrat	3,0 t

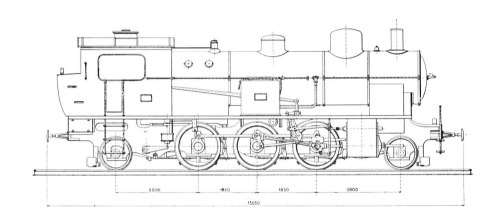

Tenderlokomotive für die Orientalische Bahn, Konstantinopel.

Dampfspannung . . . . 12 Atm.		Reibungsgewicht . . . . 45,0 t
Durchmesser der Zylinder . . . . 500 mm		Dienstgewicht . . . . 71,4 ,,
Kolbenhub . . . . 630 ,,		Fester Radstand . . . . 3700 mm
Treibraddurchmesser . . . . 1410 ,,		Gesamtradstand . . . . 8900 ,,
Laufraddurchmesser (vorn) . . . . 1010 ,,		Spurweite . . . . 1435 ,,
Laufraddurchmesser (hinten) . . . . 1010 ,,		Kleinster Kurvenradius . . . . 180 m
Mittlere Zugkraft . . . . 6680 kg		Größte Länge der Lokomotive . . . . 13030 mm
Heizfläche der Feuerbüchse . . . . 12,0 m²		Größte Höhe der Lokomotive . . . . 4300 ,,
Heizfläche der Rohre . . . . 153,7 ,,		Größte Breite der Lokomotive . . . . 3050 ,,
Gesamtheizfläche (feuerberührt) . . . . . 165,7 ,,		Wasservorrat . . . . 7,0 m³
Rostfläche . . . . 2,75 ,,		Kohlenvorrat . . . . 2,75 t
Leergewicht . . . . 54,5 t		

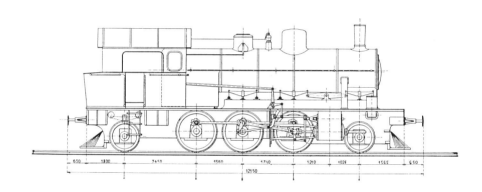

Tenderlokomotive für die Mersina-Tarsus-Adana-Eisenbahn.

Dampfspannung . . . . 12 Atm.	Reibungsgewicht . . . . 36,0 t
Durchmesser der Zylinder . . . . 430 mm	Dienstgewicht . . . . 58,3 „
Kolbenhub . . . . 600 „	Fester Radstand . . . . 3300 mm
Treibraddurchmesser . . . . 1350 „	Gesamtradstand . . . . 7985 „
Laufraddurchmesser (vorn) . . . . 1000 „	Spurweite . . . . 1435 „
Laufraddurchmesser (hinten) . . . . 1000 „	Kleinster Kurvenradius . . . . 180 m
Mittlere Zugkraft . . . . 4930 kg	Größte Länge der Lokomotive . . . . 12150 mm
Heizfläche der Feuerbüchse . . . . 8,3 m²	Größte Höhe der Lokomotive . . . . 4260 „
Heizfläche der Rohre . . . . 112,5 „	Größte Breite der Lokomotive . . . . 3000 „
Gesamtheizfläche (feuerberührt) . . . . 120,8 „	Wasservorrat . . . . 5,5 m³
Rostfläche . . . . 1,8 „	Kohlenvorrat . . . . 2,5 t
Leergewicht . . . . 45,4 t	

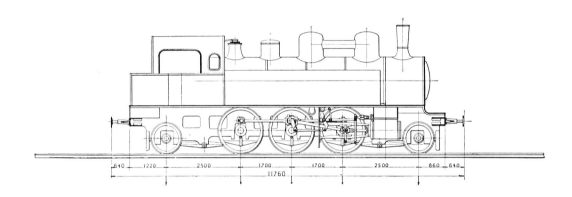

Personenzug-Tenderlokomotive „VIᵇ" für die Badische Staatsbahn.

Dampfspannung	13 Atm.	Reibungsgewicht	41,7 t
Durchmesser der Zylinder	435 mm	Dienstgewicht	64,5 „
Kolbenhub	630 „	Fester Radstand	3400 mm
Treibraddurchmesser	1480 „	Gesamtradstand	8400 „
Laufraddurchmesser (vorn)	990 „	Spurweite	1435 „
Laufraddurchmesser (hinten)	990 „	Kleinster Kurvenradius	164,5 m
Mittlere Zugkraft	5250 kg	Größte Länge der Lokomotive	11760 mm
Heizfläche der Feuerbüchse	8,0 m²	Größte Höhe der Lokomotive	4150 „
Heizfläche der Rohre	110,6 „	Größte Breite der Lokomotive	3150 „
Gesamtheizfläche (feuerberührt)	118,6 „	Wasservorrat	7,0 m³
Rostfläche	1,83 „	Kohlenvorrat	1,8 t
Leergewicht	49,2 t		

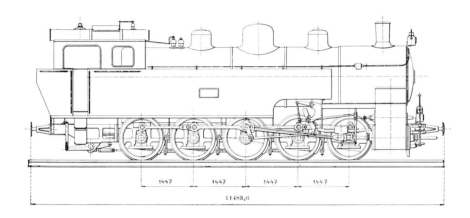

Tenderlokomotive für die Japanische Staatsbahn.

Dampfspannung	12,65 Atm.	Reibungsgewicht	. . 62,0 t
Durchmesser der Zylinder	533,4 mm	Dienstgewicht	. . 62,0 ,,
Kolbenhub	609,6 ,,	Fester Radstand	. . 2895,5 mm
Treibraddurchmesser	1244,6 ,,	Gesamtradstand	. . 5788 ,,
Mittlere Zugkraft	. . 8950 kg	Spurweite	. . 1067 ,,
Heizfläche der Feuerbüchse	12,6 m²	Kleinster Kurvenradius	. . 122 m
Heizfläche der Rohre	90,8 ,,	Größte Länge der Lokomotive	. . 11483,6 mm
Überhitzerheizfläche	29,8 ,,	Größte Höhe der Lokomotive	. . 3785 ,,
Gesamtheizfläche (feuerberührt)	133,2 ,,	Größte Breite der Lokomotive	. . 2667 ,,
Rostfläche	1,86 ,,	Wasservorrat	. . 6,35 m³
Leergewicht	48,5 t	Kohlenvorrat	. . 1,8 t

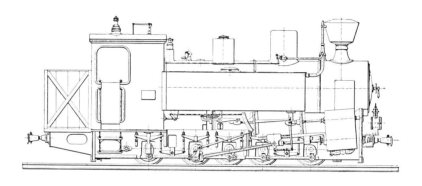

Zweizylinder-Verbund-Tenderlokomotive für die Bosnische Forstindustrie-A.-G. Steinbeis.

Dampfspannung . . . . 13 Atm.	Reibungsgewicht . . . . 25,8 t
Durchmesser des Hochdruckzylinders . . . . . . 340 mm	Dienstgewicht . . . . 25,8 ,,
Durchmesser des Niederdruckzylinders . . . . . 508 ,,	Fester Radstand . . . . 1520 mm
Kolbenhub . . . . 350 ,,	Gesamtradstand . . . . 3700 ,,
Treibraddurchmesser . . . . 700 ,,	Spurweite . . . . 760 ,,
Mittlere Zugkraft . . . . 4200 kg	Kleinster Kurvenradius . . . . 35 m
Heizfläche der Feuerbüchse . . . . 5,2 m²	Größte Länge der Lokomotive . . . . 8650 mm
Heizfläche der Rohre . . . . 35,5 ,,	Größte Höhe der Lokomotive . . . . 3450 ,,
Überhitzerheizfläche . . . . 18,1 ,,	Größte Breite der Lokomotive . . . . 2400 ,,
Gesamtheizfläche (feuerberührt) . . . . 58,8 ,,	Wasservorrat . . . . 2,3 m³
Rostfläche . . . . 1,2 ,,	Holzvorrat . . . . 2,5 ,,
Leergewicht . . . . 20,8 t	

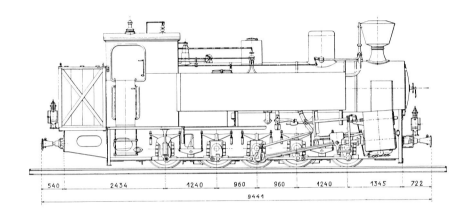

540   2434   1240   960   960   1240   1345   722
9441

Zweizylinder-Verbund-Tenderlokomotive mit Speisewasser-Vorwärmer
für die Bosnische Forstindustrie-A.-G. Steinbeis.

Dampfspannung	13 Atm.	Reibungsgewicht	. . . 40,0 t
Durchmesser des Hochdruckzylinders	380 mm	Dienstgewicht	. . . 40,0 ,,
Durchmesser des Niederdruckzylinders	570 ,,	Fester Radstand	. . 1920 mm
Kolbenhub	480 ,,	Gesamtradstand	. . 4400 ,,
Treibraddurchmesser	900 ,,	Spurweite	. . 760 ,,
Mittlere Zugkraft	. 5650 kg	Kleinster Kurvenradius	. . 40 m
Heizfläche der Feuerbüchse	5,95 m²	Größte Länge der Lokomotive	. . 9441 mm
Heizfläche der Rohre	53,75 ,,	Größte Höhe der Lokomotive	. . 3450 ,,
Überhitzerheizfläche	26,0 ,,	Größte Breite der Lokomotive	. . 2500 ,,
Gesamtheizfläche (feuerberührt)	85,7 ,,	Wasservorrat	. . 4,35 m³
Rostfläche	1,73 ,,	Holzvorrat	. . 3,5 ,,
Leergewicht	. 30,5 t		

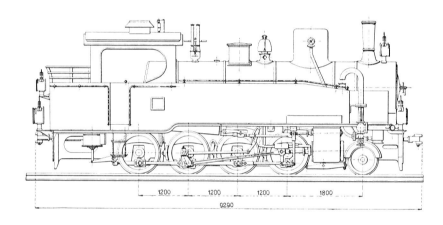

1200   1200   1200   1800
9290

Tenderlokomotive für die Ostafrikanische Eisenbahn-Gesellschaft.

Dampfspannung	12 Atm.	Reibungsgewicht	32,0 t
Durchmesser der Zylinder	370 mm	Dienstgewicht	38,0 ,,
Kolbenhub	500 ,,	Fester Radstand	2400 mm
Treibraddurchmesser	1000 ,,	Gesamtradstand	5400 ,,
Laufraddurchmesser	700 ,,	Spurweite	1000 ,,
Mittlere Zugkraft	4150 kg	Kleinster Kurvenradius	100 m
Heizfläche der Feuerbüchse	6,25 m²	Größte Länge der Lokomotive	9290 mm
Heizfläche der Rohre	55,60 ,,	Größte Höhe der Lokomotive	3710 ,,
Gesamtheizfläche (feuerberührt)	61,85 ,,	Größte Breite der Lokomotive	2610 ,,
Rostfläche	1,24 ,,	Wasservorrat	5,0 m³
Leergewicht	28,5 t	Holzvorrat	4,0 ,,

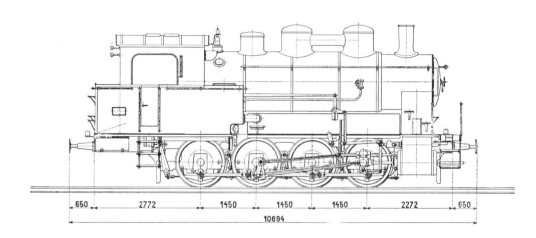

|650|2772|1450|1450|1450|2272|650|
10694

Tenderlokomotive „Xᵇ" für die Badische Staatsbahn.

Dampfspannung . . . . 13 Atm.	Dienstgewicht . . . . .58,6 t
Durchmesser der Zylinder . . . . 480 mm	Fester Radstand . . . . .2900 mm
Kolbenhub . . . . 630 „	Gesamtradstand . . . . .4350 „
Treibraddurchmesser . . . . .1262 „	Spurweite. . . . . .1435 „
Mittlere Zugkraft . . . . .7520 kg	Kleinster Kurvenradius . . . . 164,5 m
Heizfläche der Feuerbüchse . . . . 8,3 m²	Größte Länge der Lokomotive . . . . .10694 mm
Heizfläche der Rohre . . . . 102,4 „	Größte Höhe der Lokomotive . . . . .4500 „
Gesamtheizfläche (feuerberührt) . . . . 110,7 „	Größte Breite der Lokomotive . . . . .3100 „
Rostfläche . . . . 1,75 „	Wasservorrat . . . . 7,0 m³
Leergewicht. . . . . .44,6 t	Kohlenvorrat . . . . 2,5 t
Reibungsgewicht . . . . .58,6 „	

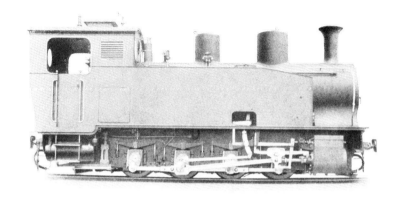

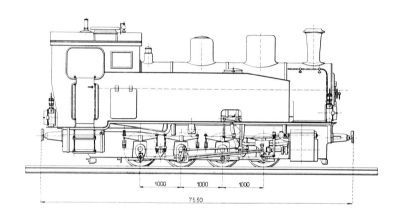

Tenderlokomotive für Portugiesische Bahnen von St. Thomé.

Dampfspannung . . . . 12 Atm.		Dienstgewicht . . . . 32,5 t	
Durchmesser der Zylinder . . . . 400 mm		Fester Radstand . . . . .2000 mm	
Kolbenhub . . . . 400 „		Gesamtradstand . . . . .3000 „	
Treibraddurchmesser . . . . 800 „		Spurweite . . . . 750 „	
Mittlere Zugkraft . . . . .4800 kg		Kleinster Kurvenradius . . . . 50 m	
Heizfläche der Feuerbüchse . . . . 5,1 m²		Größte Länge der Lokomotive . . . . .7530 mm	
Heizfläche der Rohre . . . . 68,2 „		Größte Höhe der Lokomotive . . . . .3500 „	
Gesamtheizfläche (feuerberührt) . . . . .73,3 „		Größte Breite der Lokomotive . . . . .2320 „	
Rostfläche . . . . 1,34 „		Wasservorrat . . . . 3,0 m³	
Leergewicht . . . . .25,8 t		Kohlenvorrat . . . . 1,0 t	
Reibungsgewicht . . . . 32,5 „			

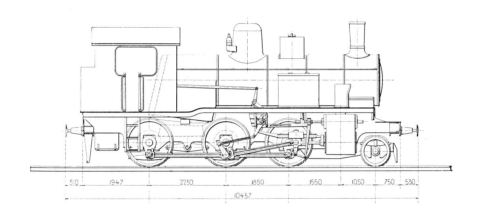

Tenderlokomotive Gr. 905 für die Italienische Staatsbahn.

Dampfspannung . . . . 14 Atm.	Reibungsgewicht . . . . 46,4 t
Durchmesser der Zylinder . . . . 455 mm	Dienstgewicht . . . . 57,0 ,,
Kolbenhub . . . . 700 ,,	Fester Radstand . . . . 2250 mm
Treibraddurchmesser . . . . .1360 ,,	Gesamtradstand . . . . .6700 ,,
Laufraddurchmesser . . . . 840 ,,	Spurweite . . . . .1435 ,,
Mittlere Zugkraft . . . . .7460 kg	Kleinster Kurvenradius . . . . 180 m
Heizfläche der Feuerbüchse . . . . 7,1 m²	Größte Länge der Lokomotive . . . . .10437 mm
Heizfläche der Rohre . . . . 103,0 ,,	Größte Höhe der Lokomotive . . . . .4275 ,,
Gesamtheizfläche (feuerberührt) . . . . .110,1 ,,	Größte Breite der Lokomotive . . . . .2960 ,,
Rostfläche . . . . 1,8 ,,	Wasservorrat . . . . 5,0 m³
Leergewicht . . . . .45,7 t	Kohlenvorrat . . . . 2,0 t

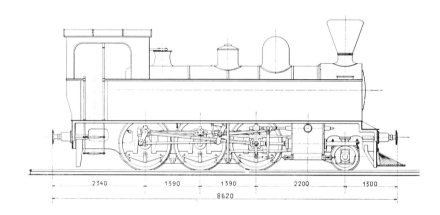

2340   1390   1390   2200   1300

8620

Tenderlokomotive für die Thessalische Bahn, Griechenland.

Dampfspannung . . . . 12 Atm.	Reibungsgewicht . . . . 28,2 t
Durchmesser der Zylinder . . . . 400 mm	Dienstgewicht . . . . 35,5 „
Kolbenhub . . . . 560 „	Fester Radstand . . . . 2780 mm
Treibraddurchmesser . . . . 1300 „	Gesamtradstand . . . . 4980 „
Laufraddurchmesser . . . . 670 „	Spurweite . . . . 1000 „
Mittlere Zugkraft . . . . 4130 kg	Kleinster Kurvenradius . . . . 100 m
Heizfläche der Feuerbüchse . . . . 6,1 m²	Größte Länge der Lokomotive . . . . 8620 mm
Heizfläche der Rohre . . . . 45,7 „	Größte Höhe der Lokomotive . . . . 3875 „
Überhitzerheizfläche . . . . 16,5 „	Größte Breite der Lokomotive . . . . 2500 „
Gesamtheizfläche (feuerberührt) . . . . 68,3 „	Wasservorrat . . . . 3,5 m³
Rostfläche . . . . 1,1 „	Kohlenvorrat . . . . 1,0 t
Leergewicht . . . . 28,8 t	

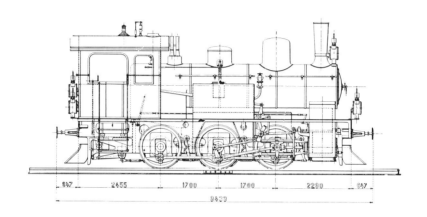

Tenderlokomotive für die Bahn Smyrna-Cassaba und Verlängerung.

Dampfspannung . . . . 12 Atm.	Reibungsgewicht . . . . 39,9 t
Durchmesser der Zylinder . . . . 430 mm	Dienstgewicht . . . . 39,9 „
Kolbenhub . . . . 630 „	Fester Radstand . . . . 3400 mm
Treibraddurchmesser . . . . 1250 „	Gesamtradstand. . . . . 3400 „
Mittlere Zugkraft . . . . 5500 kg	Spurweite. . . . . 1435 „
Heizfläche der Feuerbüchse . . . . 5,7 m²	Größte Länge der Lokomotive . . . . 9439 „
Heizfläche der Rohre . . . . 61,7 „	Größte Höhe der Lokomotive . . . . 4265 „
Gesamtheizfläche (feuerberührt) . . . . 67,4 „	Größte Breite der Lokomotive . . . . 3106 „
Rostfläche . . . . 1,5 „	Wasservorrat . . . . 4,5 m³
Leergewicht . . . . 29,7 t	Kohlenvorrat . . . . 1,5 t

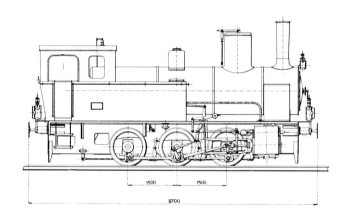

Tenderlokomotive für die Rumänische Staatsbahn.

Dampfspannung . . . . 12 Atm.	Reibungsgewicht . . . . 42,7 t
Durchmesser der Zylinder . . . . 420 mm	Dienstgewicht . . . . 42,7 ,,
Kolbenhub . . . . 600 ,,	Fester Radstand . . . . 3000 mm
Treibraddurchmesser . . . . 1100 ,,	Gesamtradstand . . . . 3000 ,,
Mittlere Zugkraft . . . . 5750 kg	Spurweite . . . . 1435 ,,
Heizfläche der Feuerbüchse . . . . 6,8 m²	Größte Länge der Lokomotive . . . . 8700 ,,
Heizfläche der Rohre . . . . 96,2 ,,	Größte Höhe der Lokomotive . . . . 4240 ,,
Gesamtheizfläche (feuerberührt) . . . . 103,0 ,,	Größte Breite der Lokomotive . . . . 2850 ,,
Rostfläche . . . . 1,6 ,,	Wasservorrat . . . . 5,0 m³
Leergewicht . . . . 32,2 t	Kohlenvorrat . . . . 1,8 t

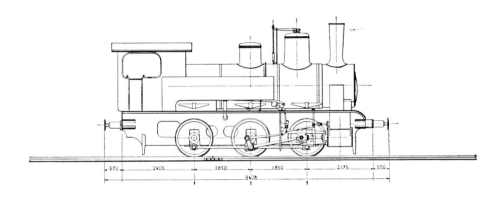

Tenderlokomotive für die Bayerische Staatsbahn.

Dampfspannung	12 Atm.	Dienstgewicht	45,5 t
Durchmesser der Zylinder	420 mm	Fester Radstand	3700 mm
Kolbenhub	610 „	Gesamtradstand	3700 „
Treibraddurchmesser	1206 „	Spurweite	1435 „
Mittlere Zugkraft	5320 „	Kleinster Kurvenradius	180 m
Heizfläche der Feuerbüchse	6,4 m²	Größte Länge der Lokomotive	9400 mm
Heizfläche der Rohre	83,2 „	Größte Höhe der Lokomotive	4310 „
Gesamtheizfläche (feuerberührt)	89,6 „	Größte Breite der Lokomotive	3040 „
Rostfläche	1,6 „	Wasservorrat	5,0 m³
Leergewicht	35,0 t	Kohlenvorrat	1,6 t
Reibungsgewicht	45,5 „		

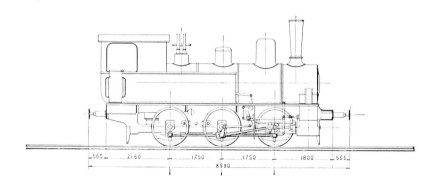

Tenderlokomotive für die Bahn Suzzara-Ferrara, Italien.

Dampfspannung . . . . 12 Atm.	Dienstgewicht . . . . 33,3 t
Durchmesser der Zylinder . . . . 375 mm	Fester Radstand. . . . . .3500 mm
Kolbenhub . . . . 530 „	Gesamtradstand . . . . .3500 „
Treibraddurchmesser . . . . .1250 „	Spurweite .1435 „
Mittlere Zugkraft . . . . .3560 kg	Kleinster Kurvenradius . . . . 180 m
Heizfläche der Feuerbüchse . . . . 5,9 m²	Größte Länge der Lokomotive . . . . .8590 mm
Heizfläche der Rohre . . . . 56,8 „	Größte Höhe der Lokomotive . . . . .4100 „
Gesamtheizfläche (feuerberührt) . . . . 62,7 „	Größte Breite der Lokomotive . . . . .2852 „
Rostfläche . . . . 1,4 „	Wasservorrat . . . . 4,0 m³
Leergewicht . . . . .25,3 t	Kohlenvorrat . . . . 1,5 t
Reibungsgewicht . . . . 33,3 „	

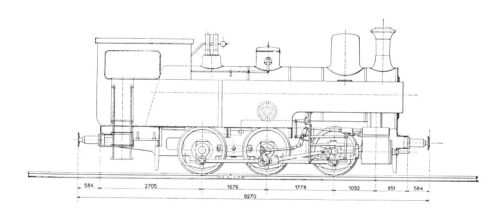

Tenderlokomotive für die Ganyetsu-Eisenbahn in Japan.

Dampfspannung . . . . .12,65 Atm.	Reibungsgewicht . . . . 43,1 t
Durchmesser der Zylinder. . . . . 457 mm	Dienstgewicht . . . . 43,1 „
Kolbenhub . . . . 533 „	Fester Radstand . . . . .3454 mm
Treibraddurchmesser. . . . . .1220 „	Gesamtradstand. . . . . .3454 „
Mittlere Zugkraft. . . . . 5720 kg	Spurweite. . . . . .1067 „
Heizfläche der Feuerbüchse. . . . . 8,3 m²	Größte Länge der Lokomotive . . . . .9270 „
Heizfläche der Rohre . . . . 79,1 „	Größte Höhe der Lokomotive . . . . .3809 „
Gesamtheizfläche (feuerberührt) . . . . 87,4 „	Größte Breite der Lokomotive . . . . .2590 „
Rostfläche. . . . . 1,4 „	Wasservorrat . . . . 6,0 m³
Leergewicht . . . . 31,6 t	Kohlenvorrat . . . . 1,8 t

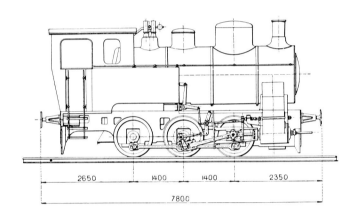

2650   1400   1400   2350

7800

Tenderlokomotive für Hüttenwerke.

Dampfspannung	12 Atm.	Dienstgewicht	. . 40,6 t
Durchmesser der Zylinder	420 mm	Fester Radstand	. .1400 mm
Kolbenhub	550 ,,	Gesamtradstand	. .2800 ,,
Treibraddurchmesser	. .1100 ,,	Spurweite	. .1435 ,,
Mittlere Zugkraft	. .5300 kg	Kleinster Kurvenradius	. . 80 m
Heizfläche der Feuerbüchse	6,1 m²	Größte Länge der Lokomotive	. .7800 mm
Heizfläche der Rohre	. 84,2 ,,	Größte Höhe der Lokomotive	. .3700 ,,
Gesamtheizfläche (feuerberührt)	. 90,3 ,,	Größte Breite der Lokomotive	. .3100 ,,
Rostfläche	1,6 ,,	Wasservorrat	. . 4,0 m³
Leergewicht	. 31,9 t	Kohlenvorrat	. . 1,0 t
Reibungsgewicht	. 40,6 ,,		

Tenderlokomotive für Hüttenwerke.

Dampfspannung . . . . 12 Atm.			Dienstgewicht . . . . 45,0 t	
Durchmesser der Zylinder . . . . 420 mm			Fester Radstand. . . . . 1500 mm	
Kolbenhub . . . . 600 ,,			Gesamtradstand . . . . 3000 ,,	
Treibraddurchmesser . . . . 1100 ,,			Spurweite . . . . 1435 ,,	
Mittlere Zugkraft . . . . 5800 kg			Kleinster Kurvenradius . . . . 80 m	
Heizfläche der Feuerbüchse . . . . 8,6 m²			Größte Länge der Lokomotive . . . . 8720 mm	
Heizfläche der Rohre . . . . 107,3 ,,			Größte Höhe der Lokomotive . . . . 3700 ,,	
Gesamtheizfläche (feuerberührt) . . . . 115,9 ,,			Größte Breite der Lokomotive . . . . 3100 ,,	
Rostfläche . . . . 1,95 ,,			Wasservorrat . . . . 5,3 m³	
Leergewicht. . . . . 34,5 t			Kohlenvorrat . . . . 1,5 t	
Reibungsgewicht . . . . 45,0 ,,				

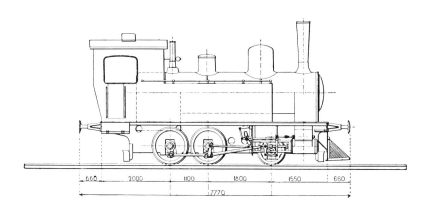

Tenderlokomotive für die Helsingör-Hornbaek-Bahn in Dänemark.

Dampfspannung	12 Atm.	Reibungsgewicht	18,0 t
Durchmesser der Zylinder	260 mm	Dienstgewicht	25,25 „
Kolbenhub	510 „	Fester Radstand	2900 mm
Treibraddurchmesser	1000 „	Gesamtradstand	2900 „
Laufraddurchmesser	750 „	Spurweite	1435 „
Mittlere Zugkraft	2070 kg	Größte Länge der Lokomotive	7770 „
Heizfläche der Feuerbüchse	4,7 m²	Größte Höhe der Lokomotive	4000 „
Heizfläche der Rohre	50,3 „	Größte Breite der Lokomotive	3100 „
Gesamtheizfläche (feuerberührt)	55,0 „	Wasservorrat	3,5 m³
Rostfläche	1,0 „	Kohlenvorrat	0,6 t
Leergewicht	18,9 t		

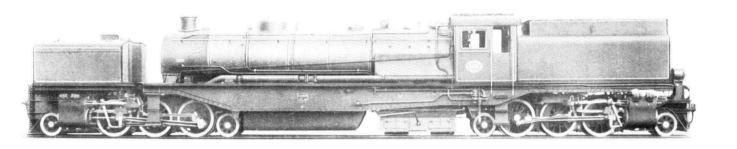

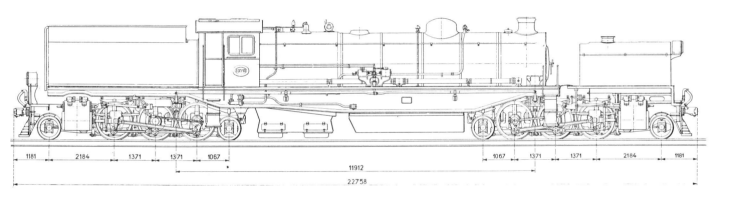

| 1181 | 2184 | 1371 | 1371 | 1067 | | 1067 | 1371 | 1371 | 2184 | 1181 |

11912

22758

Gelenk-Lokomotive System Garratt für die Südafrikanischen Eisenbahnen.

Dampfspannung	12,6 Atm.	Leergewicht	121,0 t
Durchmesser der Zylinder	470 mm	Reibungsgewicht	112,0 „
Kolbenhub	660 „	Dienstgewicht	167,0 „
Treibraddurchmesser	1219 „	Fester Radstand	2743 mm
Laufraddurchmesser..	762 „	Gesamtradstand	20395 „
Mittlere Zugkraft	15000 kg	Spurweite	1067 „
Heizfläche der Feuerbüchse	20,7 m²	Kleinster Kurvenradius..	91 m
Heizfläche der Rohre	216,1 „	Größte Länge der Lokomotive über Puffer	22758 mm
Überhitzerheizfläche..	70,0 „	Größte Höhe der Lokomotive	3947 „
Gesamtheizfläche (feuerberührt)	306,8 „	Größte Breite der Lokomotive	3022 „
Rostfläche	5,5 „		

Wasservorrat .. .. 24,0 m³

Kohlenvorrat .. .. 14,0 t

Entfernung der Drehzapfenmitten .. .. .. 11912 mm

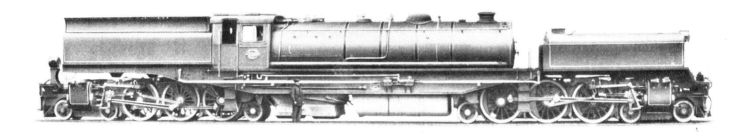

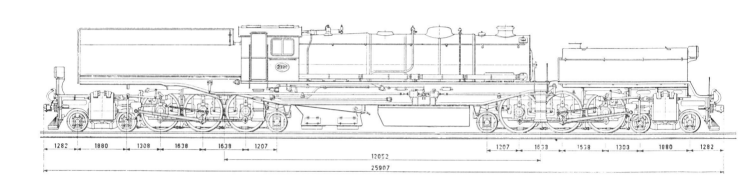

| 1282 | 1880 | 1308 | 1638 | 1638 | 1207 | | 1207 | 1638 | 1538 | 1303 | 1880 | 1282 |

12052

25907

2 C 1 + 1 C 2 Garratt-Union-Lokomotive für die Südafrikanischen Eisenbahnen.

Dampfspannung..	12,6 Atm.		Leergewicht..	137,7 t
Durchmesser der Zylinder	495 mm		Reibungsgewicht	112,0 „
Kolbenhub	660 „		Dienstgewicht	187,5 „
Treibraddurchmesser	1523 „		Fester Radstand	3276 mm
Laufraddurchmesser	762 „		Gesamtradstand..	23342 „
Mittlere Zugkraft (0,6 p)	16000 kg		Spurweite	1067 „
Heizfläche der Feuerbüchse	22,42 m²		Kleinster Kurvenradius	91 m
Heizfläche der Rohre	200,36 „		Größte Länge über Puffer	25907 mm
Überhitzerheizfläche	76,55 „		Größte Höhe	3947 „
Gesamtheizfläche (feuerberührt)	299,33 „		Größte Breite	3028 „
Rostfläche	5,52 „			

Wasservorrat .. .. 27,3 m³

Kohlenvorrat .. .. 13,5 t

Entfernung der Drehzapfenmitten .. .. .. 12052 mm

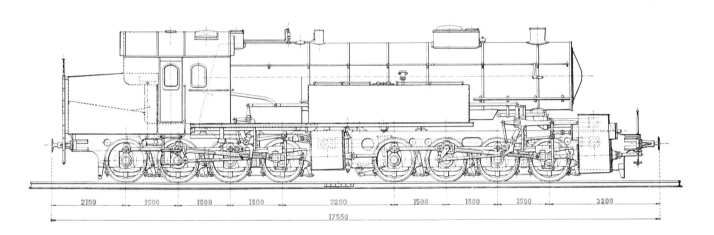

Mallet-Tenderlokomotive für die Bayerische Staatsbahn.

Dampfspannung . . . . 15 Atm.	Reibungsgewicht . . . . 126,0 t
Durchmesser der Hochdruckzylinder . . . . 520 mm	Dienstgewicht . . . . 126,0 „
Durchmesser der Niederdruckzylinder. . . . . . 800 „	Fester Radstand. . . . . 4500 mm
Kolbenhub . . . . 640 „	Gesamtradstand . . . . 12200 „
Treibraddurchmesser . . . . 1216 „	Spurweite. . . . . 1435 „
Mittlere Zugkraft . . . . 19100 kg	Kleinster Kurvenradius . . . . 180 m
Heizfläche der Feuerbüchse . . . . 14,6 m²	Größte Länge der Lokomotive . . . . 17550 mm
Heizfläche der Rohre . . . . 219,2 „	Größte Höhe der Lokomotive . . . . 4300 „
Überhitzerheizfläche . . . . 57,7 „	Größte Breite der Lokomotive . . . . 3150 „
Gesamtheizfläche (feuerberührt) . . . . 291,5 „	Wasservorrat. . . . . 12,5 m³
Rostfläche . . . . 4,25 „	Kohlenvorrat. . . . . 4,5 t
Leergewicht. . . . . 100,0 t	

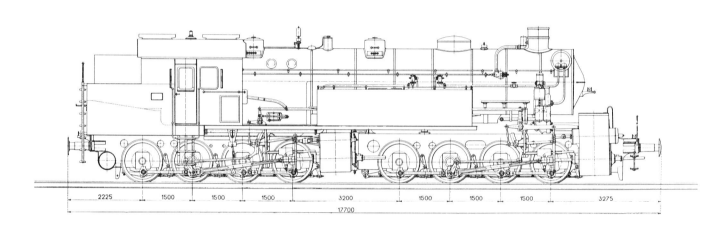

Mallet-Tenderlokomotive für Schubdienst auf Steilrampen der Deutschen Reichsbahn, (Bayerisches Netz).

Dampfspannung	15 Atm.
Durchmesser der Hochdruckzylinder	600 mm
Durchmesser der Niederdruckzylinder	800 „
Kolbenhub	640 „
Treibraddurchmesser	1216 „
Mittlere Zugkraft	20200 kg
Heizfläche der Feuerbüchse	14,6 m²
Heizfläche der Rohre	185,8 „
Ueberhitzerheizfläche	65,4 „
Gesamtheizfläche (feuerberührt)	265,8 „
Rostfläche	4,25 „
Leergewicht	106,5 t

Reibungsgewicht	132,3 t
Dienstgewicht	132,3 „
Fester Radstand..	4500 mm
Gesamtradstand	12200 „
Spurweite	1435 „
Kleinster Kurvenradius..	180 m
Größte Länge der Lokomotive	17700 mm
Größte Höhe der Lokomotive	4550 „
Größte Breite der Lokomotive	3150 „
Wasservorrat	12,5 m³
Kohlenvorrat	4,5 t

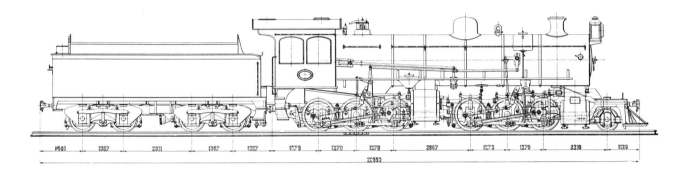

Mallet-Verbund-Lokomotive für die Südafrikanischen Eisenbahnen.

Lokomotive

Dampfspannung . . . . 14 Atm.	Leergewicht . . . . 79,5 t
Durchmesser der Hochdruckzylinder . . . . 419 mm	Reibungsgewicht . . . . 79,1 „
Durchmesser der Niederdruckzylinder . . . . . . 660 „	Dienstgewicht . . . . 86,6 „
Kolbenhub . . . . 610 „	Fester Radstand . . . . 2540 mm
Treibraddurchmesser . . . . 1079 „	Gesamtradstand . . . . 9957 „
Laufraddurchmesser . . . . 724 „	Spurweite . . . . 1067 „
Mittlere Zugkraft . . . . 13100 kg	Kleinster Kurvenradius . . . . 76,2 m
Heizfläche der Feuerbüchse . . . . 12,1 m²	Größte Länge der Lokomotive . . . . 12660 mm
Heizfläche der Rohre . . . . 165,6 „	(von Puffer bis Stoßplatte)
Überhitzerheizfläche . . . . 43,0 „	Größte Höhe der Lokomotive . . . . 3810 „
Gesamtheizfläche (feuerberührt) . . . . 220,7 „	Größte Breite der Lokomotive . . . . 2821 „
Rostfläche . . . . 3,72 m²	

Tender

Wasservorrat . . . . 19,0 m³	Größte Länge des Ten . . . . 7893 mm
Kohlenvorrat . . . . 10,0 t	Größte Breite des Tenders . . . . 2667 „
Raddurchmesser . . . . 850 mm	Leergewicht . . . . 22,4 t
Gesamtradstand . . . . 5105 „	Dienstgewicht . . . . 51,4 „

Gesamtradstand von Lokomotive und Tender . . . . 17964 mm

Gesamtlänge von Lokomotive und Tender über Puffer . . . . 20553 „

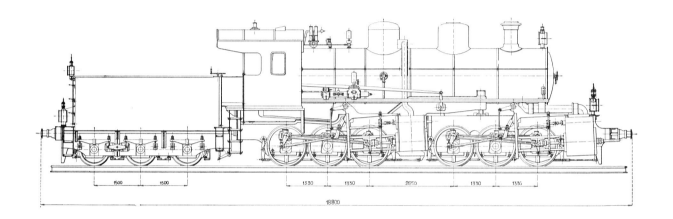

Mallet-Verbund-Güterzuglokomotive für die Huelva-Zafra-Eisenbahn (Spanien).

Lokomotive

Dampfspannung	14 Atm.	Reibungsgewicht	79,8 t
Durchmesser der Hochdruckzylinder	450 mm	Dienstgewicht	79,8 „
Durchmesser der Niederdruckzylinder	700 „	Fester Radstand	2660 mm
Kolbenhub	640 „	Gesamtradstand	7970 „
Treibraddurchmesser	1230 „	Spurweite	1676 „
Mittlere Zugkraft	13500 kg	Kleinster Kurvenradius	300 m
Heizfläche der Feuerbüchse	10,1 m²	Größte Länge der Lokomotive	12540 mm
Heizfläche der Rohre	172,0 „	(von Puffer bis Stoßplatte)	
Gesamtheizfläche (feuerberührt)	182,1 „	Größte Höhe der Lokomotive	4500 „
Rostfläche	2,82 „	Größte Breite der Lokomotive	3200 „
Leergewicht	72,9 t		

Tender

Wasservorrat	15,0 m³	Größte Länge des Tenders	6185 mm
Kohlenvorrat	6,0 t	Größte Breite des Tenders	3210 „
Raddurchmesser	1000 mm	Leergewicht	15,9 t
Gesamtradstand	3000 „	Dienstgewicht	36,9 „

Gesamtradstand von Lokomotive und Tender ... 14160 mm

Gesamtlänge von Lokomotive und Tender über Puffer ... 18800 „

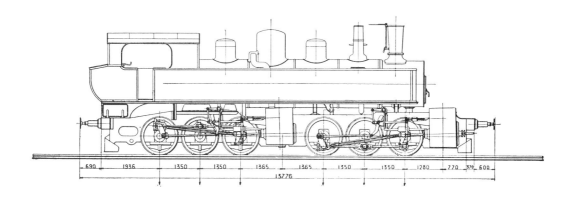

Mallet-Verbund-Tenderlokomotive für die Gotthardbahn.

Dampfspannung	12 Atm.	Reibungsgewicht	87,0 t
Durchmesser der Hochdruckzylinder	400 mm	Dienstgewicht	87,0 ,,
Durchmesser der Niederdruckzylinder	580 ,,	Fester Radstand	2700 mm
Kolbenhub	640 ,,	Gesamtradstand	8130 ,,
Treibraddurchmesser	1230 ,,	Spurweite	1435 ,,
Mittlere Zugkraft	8000 ,,	Kleinster Kurvenradius	180 m
Heizfläche der Feuerbüchse	9,3 ,,	Größte Länge der Lokomotive	13776 mm
Heizfläche der Rohre	145,0 ,,	Größte Höhe der Lokomotive	4300 ,,
Gesamtheizfläche (feuerberührt)	154,3 ,,	Größte Breite der Lokomotive	3090 ,,
Rostfläche	2,2 m²	Wasservorrat	7,06 m³
Leergewicht	69,2 t	Kohlenvorrat	4,8 t

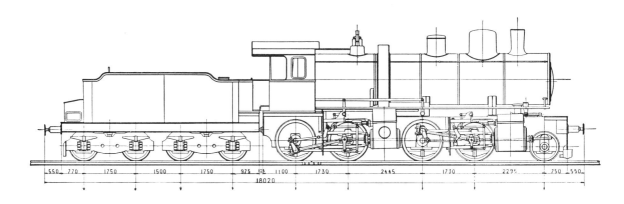

Mallet-Verbund-Güterzuglokomotive für die Bulgarische Staatsbahn.

Lokomotive

Dampfspannung	15 Atm.	Leergewicht.	. .60,5 t
Durchmesser der Hochdruckzylinder.	400 mm	Reibungsgewicht	. . 57,2 „
Durchmesser der Niederdruckzylinder	635 „	Dienstgewicht	. . 67,1 „
Kolbenhub.	630 „	Fester Radstand.	. .1730 mm
Treibraddurchmesser	.1340 „	Gesamtradstand.	. .8200 „
Laufraddurchmesser.	950 „	Spurweite.	. .1435 „
Mittlere Zugkraft	.10800 kg	Kleinster Kurvenradius	. . 180 m
Heizfläche der Feuerbüchse	. . 11,9 m²	Größte Länge der Lokomotive	.10627 mm
Heizfläche der Rohre.	. 145,6 „	(von Puffer bis Stoßplatte)	
Gesamtheizfläche (feuerberührt)	. 157,5 „	Größte Höhe der Lokomotive.	. .4270 „
Rostfläche	. 2,65 „	Größte Breite der Lokomotive	. .3000 „

Tender

Wasservorrat	.18,0 m³	Größte Länge des Tenders	. .7393 mm
Kohlenvorrat	6,0 t	Größte Breite des Tenders	. .3106 „
Raddurchmesser	.1005 mm	Leergewicht.	. . 20,7 t
Gesamtradstand	.5000 mm	Dienstgewicht	. . 44,7 „

Gesamtradstand von Lokomotive und Tender . . . . .15400 mm

Gesamtlänge von Lokomotive und Tender über Puffer. . . .18020 „

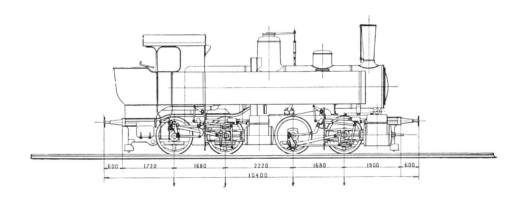

Mallet-Verbund-Tenderlokomotive für die Schweizerische Centralbahn.

Dampfspannung . . . . 14 Atm.	Reibungsgewicht . . . . 58,4 t
Durchmesser der Hochdruckzylinder . . . . 350 mm	Dienstgewicht . . . . 58,4 „
Durchmesser der Niederdruckzylinder . . . . . 540 „	Fester Radstand . . . . 1680 mm
Kolbenhub . . . . 610 „	Gesamtradstand . . . . 5580 „
Treibraddurchmesser . . . . 1200 „	Spurweite . . . . 1435 „
Mittlere Zugkraft . . . . 7900 kg	Kleinster Kurvenradius . . . . 180 m
Heizfläche der Feuerbüchse . . . . 7,3 m²	Größte Länge der Lokomotive . . . . 10400 mm
Heizfläche der Rohre . . . . 99,2 „	Größte Höhe der Lokomotive . . . . 4240 „
Gesamtheizfläche (feuerberührt) . . . . 106,5 „	Größte Breite der Lokomotive . . . . 3090 „
Rostfläche . . . . 1,65 „	Wasservorrat . . . . 7,2 m³
Leergewicht . . . . 43,5 t	Kohlenvorrat . . . . 3,3 t

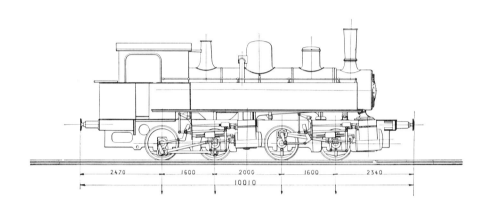

Mallet-Verbund-Tenderlokomotive „BB II" für die Bayerische Staatsbahn.

Dampfspannung . . . . 12 Atm.	Reibungsgewicht . . . . 42,8 t
Durchmesser der Hochdruckzylinder . . . . 310 mm	Dienstgewicht . . . . 42,8 „
Durchmesser der Niederdruckzylinder . . . . . . 490 „	Fester Radstand . . . . 1600 mm
Kolbenhub . . . . 530 „	Gesamtradstand . . . . 5200 „
Treibraddurchmesser . . . . 1000 „	Spurweite . . . . 1435 „
Mittlere Zugkraft . . . . 5810 kg	Kleinster Kurvenradius . . . . 100 m
Heizfläche der Feuerbüchse . . . . 5,4 m²	Größte Länge der Lokomotive . . . . 10010 mm
Heizfläche der Rohre . . . . 63,7 „	Größte Höhe der Lokomotive . . . . 3860 „
Gesamtheizfläche (feuerberührt) . . . . 69,1 „	Größte Breite der Lokomotive . . . . 3100 „
Rostfläche . . . . 1,35 „	Wasservorrat . . . . 4,3 m³
Leergewicht . . . . 32,5 t	Kohlenvorrat . . . . 1,3 t

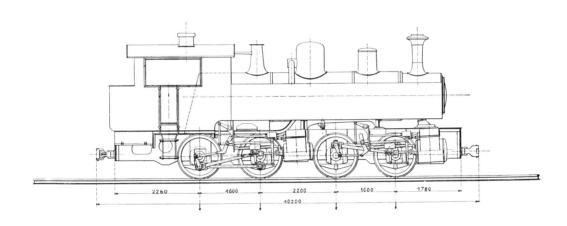

Mallet-Verbund-Tenderlokomotive für die Nippon-Eisenbahn in Japan.

Dampfspannung	12 Atm.	Reibungsgewicht	44,0 t
Durchmesser der Hochdruckzylinder	300 mm	Dienstgewicht	44,0 „
Durchmesser der Niederdruckzylinder	490 „	Fester Radstand	1600 mm
Kolbenhub	530 „	Gesamtradstand	5200 „
Treibraddurchmesser	1000 „	Spurweite	1067 „
Mittlere Zugkraft	5810 kg	Kleinster Kurvenradius	100 m
Heizfläche der Feuerbüchse	6,9 m²	Größte Länge der Lokomotive	10200 mm
Heizfläche der Rohre	63,0 „	Größte Höhe der Lokomotive	3650 „
Gesamtheizfläche (feuerberührt)	69,9 „	Größte Breite der Lokomotive	2700 „
Rostfläche	1,35 „	Wasservorrat	4,7 m³
Leergewicht	32,5 t	Kohlenvorrat	1,25 t

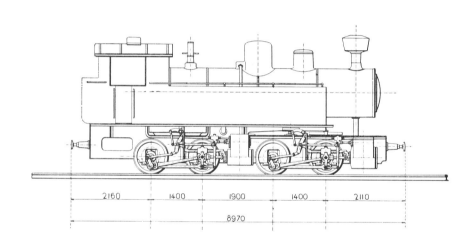

Mallet-Verbund-Tenderlokomotive für die Kolonie Erythräa.

Dampfspannung . . . . 12 Atm.	Reibungsgewicht . . . . 34,3 t
Durchmesser der Hochdruckzylinder . . . . 265 mm	Dienstgewicht . . . . 34,3 „
Durchmesser der Niederdruckzylinder . . . . . . 430 „	Fester Radstand . . . . 1400 mm
Kolbenhub . . . . 500 „	Gesamtradstand . . . . 4700 „
Treibraddurchmesser . . . . 900 „	Spurweite . . . . 950 „
Mittlere Zugkraft . . . . 4700 kg	Kleinster Kurvenradius . . . . 70 m
Heizfläche der Feuerbüchse . . . . 5,3 m²	Größte Länge der Lokomotive . . . . 8970 mm
Heizfläche der Rohre . . . . 64,7 „	Größte Höhe der Lokomotive . . . . 3650 „
Gesamtheizfläche (feuerberührt) . . . . 70,0 „	Größte Breite der Lokomotive . . . . 2500 „
Rostfläche . . . . 1,34 „	Wasservorrat . . . . 3,0 m³
Leergewicht . . . . 27,7 t	Kohlenvorrat . . . . 1,0 t

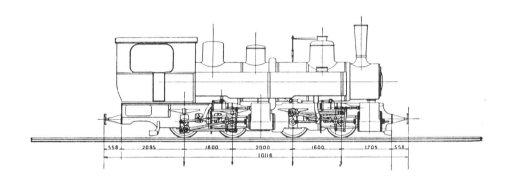

Mallet-Verbund-Tenderlokomotive für die Eisenbahn Landquart-Davos.

Dampfspannung	12 atm.	Reibungsgewicht	40,5 t
Durchmesser der Hochdruckzylinder	330 mm	Dienstgewicht	40,5 „
Durchmesser der Niederdruckzylinder	490 „	Fester Radstand	1600 mm
Kolbenhub	550 „	Gesamtradstand	5200 „
Treibraddurchmesser	1050 „	Spurweite	1000 „
Mittlere Zugkraft	5220 kg	Kleinster Kurvenradius	100 m
Heizfläche der Feuerbüchse	5,98 m²	Größte Länge der Lokomotive	10116 mm
Heizfläche der Rohre	68,70 „	Größte Höhe der Lokomotive	3675 „
Gesamtheizfläche (feuerberührt)	74,68 „	Größte Breite der Lokomotive	2678 „
Rostfläche	1,44 m²	Wasservorrat	3,4 m³
Leergewicht	32,40 t	Kohlenvorrat	1,0 t

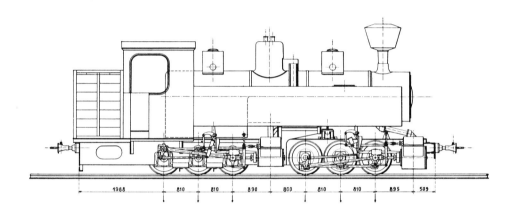

Mallet-Verbund-Tenderlokomotive für die Bosnische Forstindustrie-A.-G. Steinbeis.

Dampfspannung	14 Atm.	
Durchmesser der Hochdruckzylinder	260 mm	
Durchmesser der Niederdruckzylinder	420 „	
Kolbenhub	400 „	
Treibraddurchmesser	750 „	
Mittlere Zugkraft	5000 kg	
Heizfläche der Feuerbüchse	6,3 m²	
Heizfläche der Rohre	50,6 „	
Gesamtheizfläche (feuerberührt)	56,9 „	
Rostfläche	1,7 „	
Leergewicht	24,0 t	

Reibungsgewicht	32,0 t
Dienstgewicht	32,0 „
Fester Radstand	1620 mm
Gesamtradstand	4930 „
Spurweite	760 „
Kleinster Kurvenradius	50 m
Größte Länge der Lokomotive	9270 mm
Größte Höhe der Lokomotive	3430 „
Größte Breite der Lokomotive	2220 „
Wasservorrat	3,4 m³
Holzvorrat	3,5 „

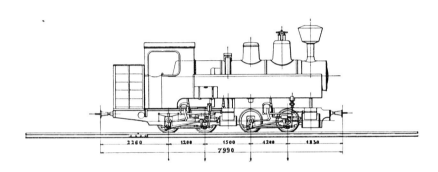

Mallet-Verbund-Tenderlokotive für die Bosnische Forstindustrie-A.-G. Steinbeis.

Dampfspannung . . . . 12 Atm.	Reibungsgewicht . . . . 21,2 t
Durchmesser der Hochdruckzylinder . . . . 210 mm	Dienstgewicht . . . . 21,2 „
Durchmesser der Niederdruckzylinder . . . . . 340 „	Fester Radstand . . . . 1200 mm
Kolbenhub . . . . 400 „	Gesamtradstand . . . . 3900 „
Treibraddurchmesser . . . . 750 „	Spurweite . . . . 760 „
Mittlere Zugkraft . . . . 2900 kg	Kleinster Kurvenradius . . . . 60 m
Heizfläche der Feuerbüchse . . . . 4,7 m²	Größte Länge der Lokomotive . . . . 7990 mm
Heizfläche der Rohre . . . . 34,5 „	Größte Höhe der Lokomotive . . . . 3430 „
Gesamtheizfläche (feuerberührt) . . . . 39,2 „	Größte Breite der Lokomotive . . . . 2255 „
Rostfläche . . . . 1,3 „	Wasservorrat . . . . 2,3 m³
Leergewicht . . . . 15,3 t	Holzvorrat . . . . 3,0 „

F. Bruckmann A.G., München

ANHANG:
LIEFERLISTE

Als Ergänzung des Katalog-Nachdruckes sind auf den folgenden Seiten in einer Tabelle Baujahre, Fabrik- und Betriebsnummern der im Katalog dargestellten Lokomotiven zusammengestellt.
Die Reihenfolge der einzelnen Lokomotiv-Typen wurde beibehalten.
Bei Bauserien ist jeweils nur die Nummernserie angegeben, zu der die abgebildete Lokomotive einwandfrei gehört.
Bei den deutschen Länderbahn-Lokomotiven, die von der Deutschen Reichsbahn übernommen wurden, ist in der Spalte 10 zusätzlich die DRB-Nummer vermerkt.
Als Grundlage für die Lieferdaten diente eine Fabriknummernliste nach Dipl.Ing. B.Schmeiser (1893-1958), ergänzt durch eigene Unterlagen.
Weitere Literatur siehe Seite 106.
DRB-Umzeichnungsnummern nach Griebl-Schadow, Verzeichnis der deutschen Lokomotiven 1923-1965, Wien 1967[2].

DIE EINZELNEN SPALTEN ENTHALTEN FOLGENDE ANGABEN:

1   laufende Nummer

2   Katalog-Seitenzahl

3   Typenbeschreibung nach Katalog

4   Spurweite in Millimeter

5   Achsfolge

6   Baujahr(e)

7   Fabriknummer(n)

8   Betriebsnummer(n)

9   Betriebsnummer der abgebildeten Lok

10 Bemerkungen

1	2	3	4	5	6	7	8	9	10
1	-	Schnellzuglokomotive mit Turbinenantrieb für die Deutsche Reichsbahn. (Bayerisches Netz).	1435	2'C 1'	1926	5620	T 18 1002	T 18 1002	Turbine Bauart Ljungström, abgeliefert an DRB erst am 18.3.1929 (1)
2	1	Vierzylinder-Verbund-Schnellzuglokomotive "S 3/6" für die Bayerische Staatsbahn.	1435	2'C 1'	1912	3305-3313 3314-3322	3624-3632 3633-3641	3624	S 3/6 d, DRB 18 441-449 18 450-458
3	2	Vierzylinder-Verbund-Schnellzuglokomotive "S 3/6" für die Bayerische Staatsbahn.	1435	2'C 1'	1908	3016-3022	3601-3607	3602	1. S 3/6-Serie, 3602 + 3605 1919 an F., übrige DRB 18 401-405 (2)
4	3	Vierzylinder-Verbund-Schnellzuglokomotive "S 3/6" für die Bayerische Staatsbahn.	1435	2'C 1'	1914	3439-3448	341-350	350	S 3/6 g, für die Pfalzbahn, DRB 18 425-434
5	3a	Vierzylinder-Verbund-Schnellzuglokomotive "S 3/6" für die Deutsche Reichsbahn. (Bayerisches Netz).	1435	2'C 1'	1923 1924	5539-5542 5543-5558	3690-3693 3694-3709	3709	S 3/6 k, DRB 18 489-492 18 493-508
6	4	Vierzylinder-Verbund-Schnellzuglokomotive "IVh" für die Badische Staatsbahn.	1435	2'C 1'	1918	4627-4629	49, 64, 95	95	DRB 18 301-303
7	5	Vierzylinder-Verbund-Schnellzuglokomotive "IVf" für die Badische Staatsbahn.	1435	2'C 1'	1907	2512-2514	751-753	753	753 = DRB 18 201, übrige nicht mehr übernommen
8	6	Vierzylinder-Doppelzwilling-Schnellzuglokomotive für die Rumänische Staatsbahn.	1435	2'C 1'	1913	3365-3384	2201-2220	2210	
9	7	Vierzylinder-Verbund-Schnellzuglokomotive für die Madrid-Saragossa-Alicante-Eisenbahn.	1676	2'C 1'	1913	3388-3391	877-880	877	(3)
10	7a	2 C 1-Vierzylinder-Verbund-Heißdampf-Schnellzug-lokomotive der DRB (Einheitslokomotive).	1435	2'C 1'	1925	5621-5622	02 009-010	02 010 (4)	1938 bzw 1940 Umbau in h 2, danach DRB 01 238 (009) und 01 235 (010)

ANMERKUNGEN:

(1) DRB = Deutsche Reichsbahn vor 1945, nach Griebl-Schadow S.16, Anm.1.

(2) Als Reparationslieferungen nach dem 1.Weltkrieg nach F. = Frankreich oder B. = Belgien.

(3) Spurweite eigentlich 1672mm = 6 kastellanische Fuß, ab ca.1910 amtlich abgerundet auf 1670mm, nach Metzeltin, Die Spurweiten der Eisenbahnen, Karlsruhe 1974, S.141 und 146.

(4) Die in der Zeichnung abgebildete 02 004 wurde von Henschel in Kassel gebaut.

(5) Mangels genauer Angaben konnte die Fabriknummer nicht eindeutig ermittelt werden; in Frage kommen 3687 / 1911, 3750 / 1912, 3780 / 1912.

(6) Die Werklokomotiven Seite 66 und 67 wurden wahrscheinlich an die gleiche Firma geliefert. Mangels genauer Angaben konnten die Fabriknummern nicht ermittelt werden.

(7) Mangels genauer Angaben konnte die Fabriknummer nicht eindeutig ermittelt werden; in Frage kommen u.U. 2996 / 1909, 3527 / 1909.

(8) Mangels genauer Angaben konnte die Fabriknummer nicht eindeutig ermittelt werden.

(9) K.Bay.Sts.B. 5815 hatte für die internationale Ausstellung Turin 1911 einen Kamin mit Messingkrempe erhalten, alle übrigen in der Ausführung wie Seite 32.

		Bezeichnung							Bemerkungen
11	8	Personenzuglokomotive für die Argentinischen Staatsbahnen (Patagonien).	1676	2'C1'	1910	3143-3154	1-12	5	
12	9	Personenzuglokomotive für die Zentralbahn von Buenos Aires.	1435	2'C1'	1911	3327-3332	50-55	50	
13	10	Personenzuglokomotive für die Argentinischen Staatsbahnen, Provinz Chaco.	1000	2'C1'	1911	3206-3233			
14	11	Vierzylinder-Verbund-Schnellzuglokomotive "S 3/5" für die Bayerische Staatsbahn.	1435	2'C	1909	3078-3087	3356-3365	3365	S 3/5 H, 3356-57 + 3365 an F., 3364 an B., übrige DRB 17 515-520
15	12	Vierzylinder-Verbund-Personenzuglokomotive "P 3/5" für die Bayerische Staatsbahn.	1435	2'C	1921	5296-5335	3877-3916	3916	P 3/5 H, DRB 38 441-480
16	13	Vierzylinder-Verbund-Personenzuglokomotive "P 3/5" für die Bayerische Staatsbahn.	1435	2'C	1905	2471-2477	3801-3807	3804	P 3/5 N, 3801+05 = DRB 38 001-002, Umbau in h4v, übrige Kriegsverlust bzw. an F.
17	14	Vierzylinder-Verbund-Personenzuglokomotive für die Bulgarische Staatsbahn.	1435	2'C	1905	2478-2482	11, 9-10, 12-13	12	
18	15	Vierzylinder-Verbund-Schnellzuglokomotive "A 3/5" für die Gotthardbahn.	1435	2'C	1908	2727-2730	931-934	934	
19	16	Vierzylinder-Verbund-Schnellzuglokomotive für die Portugiesische Eisenbahn-Ges., Lissabon.	1676	2'C	1908	2747-2752	401-406	405	(3)
20	17	Vierzylinder-Verbund-Personenzuglokomotive für die Orientbahn, Konstantinopel.	1435	2'C	1908	2854-2856	58-60	59	
21	18	Vierzylinder-Verbund-Doppelzwilling-Schnellzuglokomotive für die Niederländische Zentralbahn.	1435	2'C	1910	3140-3141	71-72	71	
22	19	Vierzylinder-Verbund-Schnellzuglokomotive "C V" für die Bayerische Staatsbahn.	1435	2'C	1901	2147-2176	2314-2343	2343	2315,17,18,22,25,26,29,30,34,36,37,39,43 1919 an F., übrige DRB 17 306-322
23	20	Vierzylinder-Verbund-Lokomotive für die Bulgarische Staatsbahn.	1435	2'C	1897	1867-1868	1-2	2	2 = "KIRILA"
24	21	Vierzylinder-Verbund-Schnellzuglokomotive für die Französische Ostbahn.	1435	2'C	1911	3179-3198	3171-3190	3174	Serie 11
25	22	Vierzylinder-Verbund-Personenzuglokomotive für die Französische Ostbahn.	1435	2'C	1901 1902	2191-2200 2201-2210	3501-3510 3511-3520	3513	Serie 10
26	23	Vierzylinder-Verbund-Schnellzuglokomotive für die Madrid-Saragossa-Alicante-Eisenbahn.	1676	2'C	1911	3250-3259	856-865	864	(3)
27	24	Vierzylinder-Verbund-Lokomotive für die Eisenbahn Smyrna-Cassaba und Verlängerung.	1435	2'C	1909	3115-3117	64-66	64	
28	25	Verbund-Schnellzuglokomotive für die Italienische Staatsbahn.	1435	2'C	1901	2212-2229	3152-3169	3167	3167 = "FELICE CASORATI"
29	25b	Personenzuglokomotive für die Ägyptische Staatsbahn (Assuan-Luxor).	1067	2'C	1925	5646-5650	25-29	27	
30	26	Personenzuglokomotive für die Brasilianische Zentralbahn.	1600	1'C1'	1913	3392-3401	450-459	450	

		Bezeichnung	Spur	Achsf.	Jahr				Bemerkungen
31	27	Personenzuglokomotive für die Compagnie Ararequara, Brasilien.	1000	2'C	1912	3363-3364	20-21	20	
32	28	Vierzylinder-Verbund-Schnellzuglokomotive "S 2/6" für die Bayerische Staatsbahn.	1435	2'B 2'	1906	2519	3201	3201	Rekordlok von 1907, Höchstgeschwindigkeit 157 km/h, DRB 15 001
33	29	Vierzylinder-Verbund-Schnellzuglokomotive für die Bayerische Staatsbahn (Rheinpfalz).	1435	2'B 1'	1905	2462-2467	286-291	290	290 = "VON FRAUENDORFER"
34	30	Vierzylinder-Verbund-Schnellzuglokomotive "S 2/5" für die Bayerische Staatsbahn.	1435	2'B 1'	1904	2364-2373	3001-3010	3002	3002,3004-06,3009 von DRB nicht mehr übernommen, übrige DRB 14 141-145
35	31	Vierzylinder-Verbund-Schnellzuglokomotive "IId" für die Badische Staatsbahn.	1435	2'B 1'	1902	2235-2246	733-744	739	
36	32	Vierzylinder-Verbund-Güterzuglokomotive "G 5/5" für die Bayerische Staatsbahn.	1435	E	1920 / 1921	5175-5213 / 5214	5816-5854 / 5855	5822	DRB 57 511-549 / 57 550
37	33	Vierzylinder-Verbund-Güterzuglokomotive "G 5/5" für die Bayerische Staatsbahn.	1435	E	1911	3234-3248	5815,5801-14	5815	DRB 57 501-507, übrige Kriegsverlust bzw 1919 an B. (9)
38	34	Zweizylinder-Verbund-Güterzuglokomotive "G I" für die Bulgarische Staatsbahn.	1435	E	1909	3130-3136	501-507	506	Typ G I
39	35	Vierzylinder-Verbund-Güterzuglokomotive Gr.470 für die Italienische Staatsbahn.	1435	E t	1906	2586-2597	4701-4712	4708	
40	35a	Güterzuglokomotive für die Russische Staatsbahn.	1524	E	1922	5347-5364	5571-5588	5583	Typ E^9
41	35b	Lokomotive für gemischten Dienst für die Südafrikanischen Eisenbahnen.	1067	2'D 1'	1925	5625-5645	2080-2100	2090	
42	36	Vierzylinder-Verbund-Güterzuglokomotive "G 4/5" für die Bayerische Staatsbahn.	1435	1'D	1915 / 1916	4552-4562 / 4563-4586	5501-5511 / 5512-5535	5502	DRB 56 901-909 und 56 910-927, übrige 1919 an F.und B.
43	37	Vierzylinder-Verbund-Vorspannlokomotive "C 4/5" für die Gotthardbahn.	1435	1'D	1906	2576-2583	2801-2808	2807	
44	38	Vierzylinder-Verbund-Güterzuglokomotive "VIIIe" für die Badische Staatsbahn.	1435	1'D	1908	2717-2721	771-775	773	teilweise von DRB als 56 701 ff übernommen
45	39	Personenzuglokomotive für die Spanische Nordbahn.	1676	1'D	1913	3429-3438	451-460	453	(3)
46	40	Güterzuglokomotive für die Eisenbahn Demas-Hama und Verlängerung (Syrien).	1435	1'D	1911	3199-3201	51-53	52	für die Zweigstrecke Homs - Tripoli (Libanon) der Eb. Demaskus - Hama
47	41	Güterzuglokomotive für die Eisenbahngesellschaft der Provinz Santa Fé (Argentinien).	1000	1'D	1911	3299-3304	3299-3304	529	529 = "CARRILOBO"
48	42	Güterzuglokomotive für die Anatolische Bahn.	1435	D	1913	3359-3362	161-164	161	
49	43	Güterzuglokomotive für die Bayerische Staatsbahn (Rheinpfalz).	1435	D	1898	1913-1924	209-220	220	220 = "LUSTADT", pfälzische G 4I
50	44	Güterzuglokomotive für die Madrid-Saragossa-Alicante-Eisenbahn.	1676	D	1908	2731-2741	751-760	759	

		Benennung	Spur	Achsf.	Jahr	Fabr.-Nr.			Bemerkungen
51	45	Güterzuglokomotive "G 3/4" für die Bayerische Staatsbahn.	1435	1'C	1922 1923	5366-5411 5412-5425	7166-7211 7212-7225	7166	DRB 54 1666-1711 54 1712-1725
52	46	Güterzuglokomotive für die Anatolische Bahn.	1435	1'C	1897	1876-1879	77-80	80	
53	47	Personenzuglokomotive mit Stütztender, für die Pamplona-Plazeola-Andoain-Lasarte-Eisenbahn (Sp.).	1000	1'C st	1913	3348-3351	1-4		
54	48	Tenderlokomotive für die Madrid-Saragossa-Alicante-Eisenbahn.	1676	2'C 2' t	1903	2339-2350	620-631	623	(3)
55	49	Tenderlokomotive für die Bodensee-Toggenburg-Bahn (Schweiz).	1435	1'C 1' t	1910	3121-3129	1-9	9	
56	50	Tenderlokomotive für die Orientalische Bahn, Konstantinopel.	1435	1'C 1' t	1911	3278-3283	331-336	333	
57	51	Tenderlokomotive für die Mersina-Tarsus-Adana-Eisenbahn	1435	1'C 1' t	1909	3112-3114	701-703	702	
58	52	Personenzug-Tenderlokomotive "VIb" für die Badische Staatsbahn.	1435	1'C 1' t	1900	2097-2111	15-17,23,29,32-34,40,59, 141,176,185,220,233		DRB 75 101-114, eine Lok nicht über-nommen
59	53	Tenderlokomotive für die Japanische Staatsbahn.	1067	E t	1912	3338-3341	4100-4103	4100	
60	54	Zweizylinder-Verbund-Tenderlokomotive für die Bosnische Forstindustrie-A.-G. Steinbeis.	760	E t	(5)				
61	55	Zweizylinder-Verbund-Tenderlokomotive mit Speise-wasser-Vorwärmer für die Bosnische Forstindustrie- A.-G. Steinbeis.	760	E t	1914	3887-3888	29-30	30	später Nr.25-26
62	56	Tenderlokomotive für die Ostafrikanische Eisenbahn-Gesellschaft.	1000	1'D t	1910	3629-3631	63-66	65	
63	57	Tenderlokomotive "Xb" für die Badische Staatsbahn.	1435	D t	1921	5242-5245	683,687,690, 726	690	DRB 92 317-320
64	58	Tenderlokomotive für die Portugiessischen Bahnen von St.Thomé.	750	D t	1910	3595-3596			
65	59	Tenderlokomotive Gr. 905 für die Italienische Staatsbahn.	1435	1'C t	1908 1909	3037-3038 3039-3060	9051-9052 9055-9074	9073	
66	60	Tenderlokomotive für die Thessalische Bahn, Griechenland.	1000	1'C t	1912	3334-3336	25-27	27	
67	61	Tenderlokomotive für die Bahn Smyrna-Cassaba und Verlängerung.	1435	C t	1911	3166-3170	31-35	33	
68	62	Tenderlokomotive für die Rumänische Staatsbahn.	1435	C t	1912	3386-3387	067-068	067	
69	63	Tenderlokomotive für die Bayerische Staatsbahn.	1435	C t	1900	2142-2146	2433,2436-39	2439	D II, DRB 89 634-638
70	64	Tenderlokomotive für die Bahn Suzzara-Ferrara, Italien.	1435	C t	1903	2311	21	21	21 = "VIRGILIO"

Nr.	Nr.	Bezeichnung	Spur mm	Achsanordnung	Baujahr	Fabrik-Nr.	Bahn-Nr.	(Nr.)	Anmerkungen
71	65	Tenderlokomotive für die Ganyetsu-Eisenbahn in Japan.	1067	C t	1904	2408	6	6	
72	66	Tenderlokomotive für Hüttenwerke.	1435	C t					(6)
73	67	Tenderlokomotive für Hüttenwerke.	1435	C t				XII	(6)
74	68	Tenderlokomotive für die Helsingör-Hornbaek-Bahn in Dänemark.	1435	1'B t	1906	2525	I	I	
75	68a	Gelenk-Lokomotive System Garratt für die Südafrikanischen Eisenbahnen.	1067	1'C 1'+1'C 1'	1927	5673-5682	1370-1379	1370	
76	68b	2'C 1'+1'C 2' Garratt-Union-Lokomotive für die Südafrikanischen Eisenbahnen.	1067	2'C 1'+1'C 2'	1927	5687-5688	2320-2321	2320	
77	69	Mallet-Tenderlokomotive für die Bayerische Staatsbahn.	1435	D'D t	1913 / 1914	3414-3423 / 3424-3428	5751-5760 / 5761-5765	5751	Gt 2x 4/4, DRB 96 001-010 / 96 011-015
78	69a	Mallet-Tenderlokomotive für Schubdienst auf Steilrampen der Deutschen Reichsbahn. (Bayerisches Netz).	1435	D'D t	1922 / 1923	5336 / 5337-5345	5766 / 5767-5775	5773	Gt 2x 4/4, DRB 96 016 / 96 017-025
79	70	Mallet-Verbund-Lokomotive für die Südafrikanischen Eisenbahnen.	1067	1'C C	1914 / 1920	3452-3453 / 3454-3461	1651-1652 / 1674-1681	1651	
80	71	Mallet-Verbund-Güterzuglokomotive für die Huelva-Zafra-Eisenbahn (Spanien).	1676	C'C	1913	3402-3403	100-101	100	
81	72	Mallet-Verbund-Tenderlokomotive für die Gotthardbahn.	1435	C'C t	1890	1547	151	151	
82	73	Mallet-Verbund-Güterzuglokomotive für die Bulgarische Staatsbahn.	1435	1'B'B	1900	2096	250	250	
83	74	Mallet-Verbund-Tenderlokomotive für die Schweizerische Centralbahn.	1435	B'B t	1893	1701-1710	187-196	195	
84	75	Mallet-Verbund-Tenderlokomotive "BB II" für die Bayerische Staatsbahn.	1435	B'B t	1901	2177-2190	2512-2525	2525	BB II, DRB 98 712-725
85	76	Mallet-Verbund-Tenderlokomotive für die Nippon-Eisenbahn in Japan.	1067	B'B t	1903	2314	701	701	
86	77	Mallet-Verbund-Tenderlokomotive für die Kolonie Erythräa.	950	B'B t	1907	2642-2644	8-10	9	vermutlich mit den Fabrik-Schildern Nr. 2641-2643 geliefert.
87	78	Mallet-Verbund-Tenderlokomotive für die Eisenbahn Landquart-Davos.	1000	B'B t	1891	1613-1614	6-7	6	
88	79	Mallet-Verbund-Tenderlokomotive für die Bosnische Forstindustrie-A.-G. Steinbeis.	760	C'C t					(7)
89	80	Mallet-Verbund-Tenderlokomotive für die Bosnische Forstindustrie-A.-G. Steinbeis.	760	B'B t					(8)

ANMERKUNGEN SIEHE SEITE 99

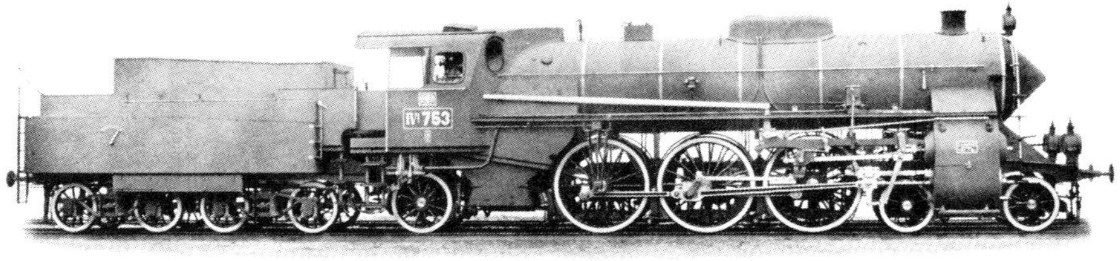

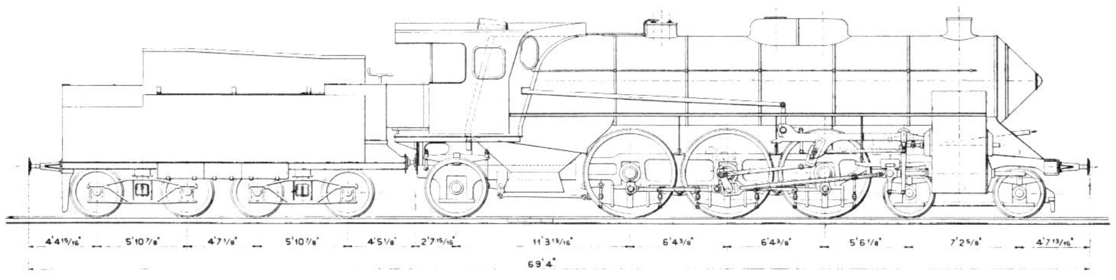

Four-Cylinder Compound Express Locomotive for the Baden State Railways.

Locomotive

Working pressure	228 lbs. per sq. in.	Grate area	48,4 sq. ft.
Diameter of high-pressure cylinders	16³/₄ in.	Weight empty	78,6 ts.
Diameter of low-pressure cylinders	25⁵/₈ in.	Adhesion weight	48,9 ts.
Length of stroke	24 in./26³/₈ in.	Weight in working order	86,8 ts.
Diameter of driving wheels	5 ft. 10⁷/₈ in.	Rigid wheel base	12 ft. 8³/₄ in.
Diameter of bogie wheels	3 ft. 3 in.	Total wheel base	36 ft. 9⁵/₁₆ in.
Diameter of radial trailing truck wheels	3 ft. 11¹/₄ in.	Gauge	4 ft. 8¹/₂ in.
Average tractive power	21060 lbs.	Smallest radius of curves	539 ft. — in.
Heating surface of firebox	158,1 sq. ft.	Greatest length of locomotive	44 ft. 1¹/₁₆ in.
Heating surface of tubes	2087,4 sq. ft.	Greatest height of locomotive	15 ft. 3¹/₁₆ in.
Superheater heating surface	538,0 sq. ft.	Greatest breadth of locomotive	10 ft. 2¹/₁₆ in.
Total heating surface in contact with fire	2783,5 sq. ft.		

Tender

Capacity of water tank	4400 gal.	Weight empty	21,2 ts.
Capacity of coal bunker	7,0 ts.	Weight in working order	47,7 ts.
Diameter of wheels	3 ft. 3⁵/₈ in.	Greatest length	25 ft. 2¹⁵/₁₆ in.
Total wheel base	16 ft. 4⁷/₈ in.	Greatest breadth	10 ft. 2¹/₁₆ in.

Total wheel base of locomotive with tender . . . . 60 ft. 3¹/₄ in.

Total length of locomotive with tender over buffers . . . 69 ft. 4 in.

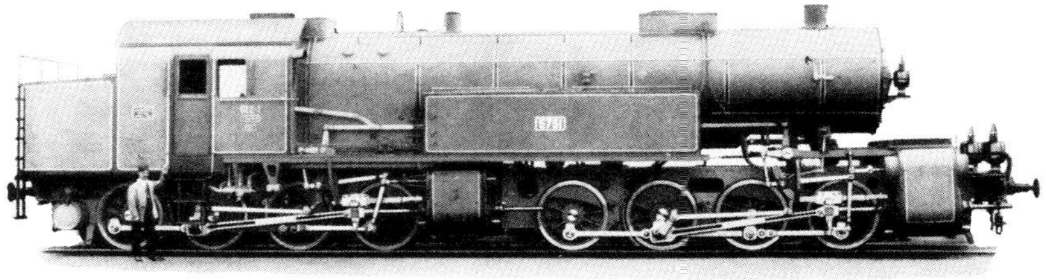

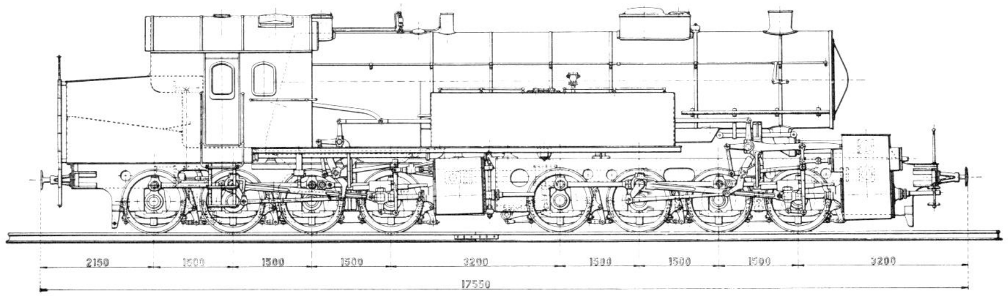

Locomotive-tender (système Mallet) pour le Chemin de fer de l'Etat Bavarois.

Timbre de la chaudière	15 atm.	Poids adhérent	126,0 t
Diamètre des cylindres à h. p.	520 mm	Poids en ordre de marche	126,0 „
Diamètre des cylindres à b. p.	800 „	Empattement des roues fixes	4500 mm
Course des pistons	640 „	Empattement total des roues	12200 „
Diamètre des roues motrices	1216 „	Voie	1435 „
Effort de traction (moyen)	19100 kg	Rayon minimum des courbes	180 m
Surface de chauffe du foyer	14,6 m²	Longueur max. de la locomotive	17550 mm
Surface de chauffe des tubes	219,2 „	Hauteur max. de la locomotive	4300 „
Surface de chauffe du surchauffeur	57,7 „	Largeur max. de la locomotive	3150 „
Surface de chauffe totale, soumise au feu	291,5 „	Capacité des caisses à eau	12,5 m³
Surface de grille	4,25 „	Capacité des soutes à charbon	4,5 t
Poids à vide	100,0 t		

Fortsetzung von Seite (4)

Um die Jahrhundertwende bestellte die K.Bay.Sts.B. zu Studienzwecken 4 Schlepptenderlokomotiven von der amerikanischen Lokomotivfabrik Baldwin. Mit ihnen kamen Konstruktionsprinzipien nach Bayern, die von der Firma Maffei übernommen und für ihren Direktor A. Hammel und seinen Chefkonstrukteur H. Leppla für eine ganze Generation von Lokomotiven bestimmend wurden. So konnte mit der badischen II^d ab 1902 ein neuer Maffei-Stil mit Barrenrahmen, hochliegendem Kessel und zunehmend auch breiterer Feuerbüchse, der innerhalb eines halben Jahrzehnts zur berühmten und wohl einmaligen bay. S 3/6 führte, die von Fachleuten immer wieder als der große Wurf Maffeischer Lokomotivbaukunst bezeichnet wird. Ihn haben auch die großen Südafrika-Garrats (Seite 68a und 68b) und die Turbinenlok (Seite „O") nicht mehr übertroffen. Anton Hammel wurde zum Vorreiter der Einführung des Barrenrahmens in Europa. In die Jahre nach der Jahrhundertwende fällt auch der endgültige Durchbruch des Heißdampfprinzips, das mit der Vierzylinder-Verbund-Dampfmaschine (Bauart von Borries) und dem Barrenrahmen bis zuletzt zum Charakteristikum der Maffei Dampflokomotiven wurde.

Verantwortlich für diese Entwicklung waren zwei Männer, die ein hervorragend schöpferisches Gespann bildeten und bereits mehrfach genannt wurden, Anton Hammel und Heinrich Leppla (1861-1950). Letzterer war Diplom-Ingenieur und brachte neben seinen mathematisch-technischen Fähigkeiten insbesondere sein Gefühl für Ästhetik in die neuen Konstruktionen ein. Im verdanken die nüchternen Lokomotiven das berühmte „Maffei-Design".

Die einzelnen Stationen dieses kontinuierlichen Ablaufes sind im Katalog dokumentiert: 1902 bad. II^d (Seite 31), 1903 bay. S 2/5 (Seite 30) und S 3/5 N (= Naßdampfausführung, Seite 11 ist die Heißdampf-S 3/5 abgebildet), 1905 bay. P 3/5 N (S. 13), 1906 Schnellfahrlok S 2/6 (Seite 28), 1907 die weniger erfolgreiche bad. IV^f (Seite 5).

Am 16. 6. 1908 konnte die erste bay. S 3/6 abgeliefert werden. In verschiedenen Varianten (vergleiche auch Seite 1-3a) baute Maffei insgesamt 159 Stück dieser „Star"-Lokomotive, 18 weitere wurden bis 1931 bei Henschel in Kassel nachgebaut. 1918 gab es noch einmal eine große Maffei-Pacific, die bad. IV^h (Seite 4), die allerdings ein De Glehn-Triebwerk besaß.

Auf die parallelen Konstruktionen für das Ausland soll hier nicht weiter eingegangen werden.

Seit 1925 leitete Oberingenieur Ludwig die Konstruktionsabteilung. Unter seiner Federführung entstanden die Turbinenlok (Seite „O") und die großen Garrat-Lokomotiven für Südafrika (Seite 68a und 68b).

Mit zwei S 3/6 für die DRB endete 1930 die ruhmreiche Lokomotivbautradition des Hauses Maffei DRB 18 529-530, Fabr.Nr. 5873-74).

Die Wirtschaftskrise gegen Ende der zwanziger Jahre belastete neben der Auflösung der K.Bay.Sts.B., Maffeis Hauptkunden, den Lokomotivbau in der Hirschau sehr. Nach dem Fehlschlag mit der Vierzylinder-Verbund-Variante der Einheitsschnellzuglok (DRB 02 009-010, siehe Seite 7a), welche Ursachen er auch gehabt haben mag, war Maffei bei den Großaufträgen des anlaufenden Einheitslokprogrammes aus dem Rennen. Bereits 1929 war die Einstellung des Dampflokomotivbaues bei Maffei absehbar. Einige andere Betriebszweige, so der Ellokbau, wurden von AEG und Siemens übernommen.

1931 lieferte Maffei noch einige Kessel für Südafrika und Britisch Indien. Die höchste Maffei-Fabriknummer für eine Lokomotive erhielt eine 700 mm B-Diesellok für die Motorenwerke Mannheim, 5929. Soweit bekannt, haben in einem knappen Jahrhundert ca. 5200 Dampflokomotiven bei Maffei das Licht der Welt erblickt, davon allein 2234 für die K.Bay.Sts.B..

1931 wurde der Maffei-Lokomotivbau von der zweiten Münchner Lokomotivfabrik übernommen und als Krauss & Comp. — J. A. Maffei A.G. auf dem Krauss-Gelände in München-Allach weitergeführt, wo die Krauss-Maffei A.G. heute noch ihre Produktionsanlagen hat.

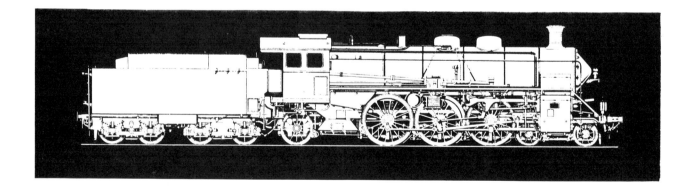

LITERATUR: Krauss-Maffei, Dokumente aus dem ersten Jahrzehnt des Werkes, München 1962.
J. Pfeifer, Die Krauss-Maffei AG in München-Allach, in: Die Lokomotivtechnik 2/1954.
W. Messerschmidt, Taschenbuch Deutsche Lokomotivfabriken, Stuttgart 1977.
G. Scheingraber, Die Königlich Bayerischen Staatseisenbahnen, Stuttgart 1975.
Hoecherl, Kronawitter, Tausche, S 3/6 Star unter den Dampflokomotiven, Stuttgart 1978[3].
R. Zintl, Die letzten Bayerischen, Stuttgart 1979.
E. Hoecherl, Die Dampflokomotive S 3/6, heute Baureihe 18[4-6], in: Die Lokomotivtechnik 12/1954.
M. Spindler, Handbuch der bayerischen Geschichte, Band IV, 2, München 1975.